湛庐文化 Cheers Publishing
a mindstyle business
与 思 想 有 关

JOSEPH CAMPBELL
FOUNDATION

REFLECTIONS ON THE

ART OF LIVING

坎贝尔生活美学

从俗世的挑战到心灵的深度觉醒

A JOSEPH CAMPBELL COMPANION

[美] 戴安娜 · 奥斯本（Diane K. Osbon）◎编
朱侃如◎译

浙江人民出版社
ZHEJIANG PEOPLE'S PUBLISHING HOUSE

献给 约瑟夫

献给 年轻的帕西法尔[①]们

献给 不朽的生命

① 帕西法尔是神话《圣杯骑士》中寻找圣杯的青年武士。

JOSEPH CAMPBELL
THE HERO'S JOURNEY
20 世纪最伟大的神话学大师
Over and over again,
you are called to the realm
of adventure,
you are called to new horizons.
约瑟夫·坎贝尔
让远古神话与现代人再度对话的思想大师
拯救人类心灵的哲学家与心理学家
西方流行文化的一代宗师

01
DEPARTURE
启程

JOSEPH CAMPBELL

A good life
is one hero journey
after another.

坎贝尔传奇的一生有如其著作中的探险英雄，在启程—启蒙—归来这样一种仪式性的三阶段之后，完成一种向上的循环，画出一个首尾相贯的圆。

神话的召唤

约瑟夫 · 坎贝尔 1904 年生于美国纽约一个生活严谨的天主教家庭，这个距神话时代最为遥远的现代繁华大都市，却造就了美国当代最著名的神话学家。孩提时代，坎贝尔跟随父亲去参观自然历史博物馆，在那里他看到了林林总总的原始图腾，这使他开始对美国原住民印第安人的生活与文化产生兴趣，并促成他日后对民族学、人类学的关注与研究。11 岁那年，坎贝尔被特许进入公共图书馆成人区阅读，他直觉上认为，了解这些神话是通往人类心灵奥秘最直接的途径。

灵性大师克里希那穆提的启蒙

19 岁的坎贝尔跟家人一起游历欧洲，途中经历了一次有趣的人生奇遇。他在甲板上看到了三位肤色深棕的人，其中之一就是克里希那穆提。在一位年轻女士的引荐下，他认识了这位伟大的灵性导师。这次经历让他醍醐灌顶，并成为他认识印度和亚洲世界的开始。

大文豪乔伊斯为他引路

1927 年，坎贝尔来到巴黎。一次偶然的机会，他发现巴黎所有书店里都有乔伊斯的著作《尤利西斯》，而这本书在美国是禁书，无处可寻。坎贝尔对乔伊斯的作品非常着迷，甚至在他新婚期间，乔伊斯和坎贝尔的妻子占有同样的分量。坎贝尔经常一手挽着太太，一手拿着乔伊斯的作品《芬尼根的守灵夜》。

与荣格等心理学大师共事

坎贝尔结束在巴黎的学习后，前往慕尼黑大学重拾对中世纪文学的研究。在这期间，他结识了当时在美国闻所未闻的大人物：心理学大师弗洛伊德、荣格以及德国大文豪、诺贝尔文学奖得主托马斯 · 曼。弗洛伊德和荣格让他认识到神话与心理学的关联，让他发现神话能够激发和活化人们的心灵。而坎贝尔与荣格的缘分，也一直延续到其花甲之年。

> 每个人都拥有他自己的蕴藏强大能量的梦中的万神殿。英雄必须一次又一次地通过艰难的障碍。
>
> ——坎贝尔

五年磨砺铸就《千面英雄》

1929 年，从欧洲返回纽约后，坎贝尔立刻向他的导师和朋友们分享神话的潜能和魅力，但没有人能够真正理解他，这让他放弃了博士项目。他曾尝试创作小说，但最终也放弃了。坎贝尔唯一没有舍弃的是阅读，几年之内，他涉猎了大量美国现代文学、哲学、心理学作品，也搜集了各种文化下的神话传说。五年后，坎贝尔被莎拉 · 劳伦斯学院聘为教授，他在课程中引入他的神话学研究，广受欢迎。

抱着教会人们如何阅读神话的目的，坎贝尔花费五年的时间写下了一本奠定自己神话学权威地位的巨著《千面英雄》。这本书于 1949 年一经出版便广受读者追捧，销售成绩傲人，很难相信，它曾被两家出版社拒之门外。

乔治·卢卡斯终生追随的精神导师

好莱坞导演乔治 · 卢卡斯因一个很偶然的机会，读到了坎贝尔的《千面英雄》。这本书让他非常震惊，在书中他发现了很多与坎贝尔想法相通的地方，并迷上了对神话历程的分析。《千面英雄》成为《星球大战》的重要灵感来源，坎贝尔成为卢卡斯终生追随的精神导师。他的作品是无数好莱坞大片成功的基础，被好莱坞列为必读书目。

影响奥巴马、乔布斯的当代神话学巨擘

20 世纪 60 年代，坎贝尔成为嬉皮士汲取内在体悟的源泉，史蒂夫 · 乔布斯就是受其浸染而诞生的伟大人物。除了乔布斯，美国前总统奥巴马及其母亲都是坎贝尔的忠实粉丝，《哈利·波特》的作者 J. K. 罗琳也多次提到坎贝尔及其作品，坦承坎贝尔影响了她的小说创作。美国前总统肯尼迪夫人杰奎琳担当坎贝尔《神话的力量》一书的编辑，并将其视为最引以为傲的成就。

永恒的“英雄之旅”

THE HERO'S JOURNEY

英雄的胜利改变了自己，
也改变了他人的命运。

英雄要经历一系列的试炼和考验，由
此变得更强大。

保护的力量永远存在于心灵庇护所中，甚至存在
于不熟悉的世界中。

在凡人眼中，英雄与他们一样平凡。

日常世界的英雄会受到召唤，催促他踏上未知的旅程。

这是全新的体验，一切都要从头学起。

20 世纪 80 年代，“坎贝尔热”席卷全美，“感恩而死”摇滚乐队不断从中发现音乐创作的灵感，更有无数的艺术家，甚至游戏编程人员都对坎贝尔顶礼膜拜。著名心理学家希尔曼曾说：“这个世纪里没有一个人，包括弗洛伊德、托马斯 · 曼和克洛德 · 列维 – 斯特劳斯在内，能像坎贝尔那样，把世界及神话人物角色的深邃意义，带回到我们的意识中。”约瑟夫 · 坎贝尔在 1987 年因癌症去世。《新闻周刊》上悼曰：“英雄已去，信念长存。”

他就是约瑟夫 · 坎贝尔，是当代神话学巨擘，才华横溢的心理学家，思维独特的哲学家和作家，极具启发性的心灵导师、演说家和思想家，是影响西方流行文化的一代宗师。

THE HERO'S JOURNEY

坎贝尔神话系列作品

《神话的力量》

《指引生命的神话》

《千面英雄》

《追随直觉之路》

《英雄之旅》

《坎贝尔生活美学》

平凡生活，神圣生命

有学者认为，约瑟夫·坎贝尔虽深受瑞士心理学大师荣格之“集体无意识”，以及由此形成的“原型”等理论影响，却能跳出荣格有限的神话知识，开拓神话学探索的新路径，自成一家。在美国公共电视节目中曾与坎贝尔进行一系列访谈的著名电视新闻记者比尔·莫耶斯①则认为：“我从未见过比坎贝尔更会说故事的人。听他谈原始社会，我有如置身在无际苍穹下广袤的草原上，或是在群树覆盖的浓荫森林中。”对我而言，坎贝尔最迷人之处正在其说故事的能力，以及他对各文化素材的渊博知识。

在这本书中，坎贝尔以说故事的方式冶众家于一炉。他除了旁征博引西方宗教及神话传统外，还广泛涉及印第安神话、东方的佛教、印度教、日本文化，甚至连伊斯兰文化、埃及神话也囊括在内。最难得的是，他能将这些神话故事与日常生活的事例相融合，以浅显优美的语言赋予它们心理上的和实际存在的意义，而使读者

① Bill Moyers，美国哥伦比亚广播公司记者，曾任美国第 36 任总统林登·约翰逊的新闻秘书。1970 年步入电视业，致力于把当代杰出思想家带入电视荧幕。比尔·莫耶斯对约瑟夫·坎贝尔的采访已集结成册，是当代神话学大师坎贝尔的毕生精髓之作——《神话的力量》(*The Power of Myth*)，该书简体中文版已由湛庐文化策划、浙江人民出版社出版。——编者注

乐于接受他的诠释。这些令人会心微笑的生动故事全书俯拾皆是。例如，圣母玛利亚显灵替苦女抹地、观世音菩萨化现教化众生、耶揄喇嘛放生的肤浅、坎贝尔的私人导师亨利·齐默尔（Heinrich Zimmer）到达涅槃彼岸的有趣比喻，以及一只小老虎被羊抚养长大的印度寓言等，皆只是众多发人深省故事的一小部分而已。

对坎贝尔而言，所有宗教及神话的典故都应以超越具体历史事件的象征性角度来解读，才能掌握其神髓而获得启发，这是他一贯的立场。由于坎贝尔有这样的解读观点，即使是大家耳熟能详的故事也因此有了新意，例如：耶稣被钉上十字架，并不是为世人赎罪，而是在精神上新生。这一点很值得读者在阅读过程中细细品味。

诚如多位学者所指出的，坎贝尔似乎深受大乘佛教的影响，强调超越涅槃解脱与生死轮回的分别，这个基本态度也很明显地表现在他的许多诠释中。例如，坎贝尔常说要从关心身边的人开始，以一种自愿且喜悦的态度来参与尘世的苦难；也说不用等到死后进天堂或静坐修炼离开尘世，才能实践宗教精神得到新生，只要我们效法耶稣走上十字架的勇气在精神上死去，当下便能展现新的生命。

我在多年前即有机会接触佛教，但个人总隐约觉得佛教强调出世的概念与俗世生活有冲突，来世似乎是毫无保障的承诺，而因果轮回的说法更让佛教有“黑色宗教”之嫌。然而在开始翻译坎贝尔的作品《神话的力量》时，他对抽象艰涩的哲学思想所做的栩栩如生、深入浅出的解说，破除了我对佛教为“黑色宗教”的恐惧，也对“把超世俗的精神运用在现世”的看法有了新的感悟。

因此，读者可以直接将坎贝尔的经验和隽语运用到自己的生活之中。例如，坎贝尔教导我们要有自己的神圣空间，不论时间长短，每天都要在此空间进一步开发自己内在的精神。他亦讲到对工作及金钱的态度，以及如何看待失业及规划自己的职业生涯等。坎贝尔也分析了“色情艺术”、“说教艺术”与“真正艺术”的区别，并说：“名气并不重要，名气的光环转眼即逝……”这些陈词滥调、老生常谈，却很可能成为一个人在碰到人生重要关卡时受用的警句。

还值得一提的是，在本书中，坎贝尔循例谈论到其专精的“神话与现代社会”、“英雄的历险”等主题，更有不少篇幅是有关女性的历险、角色认同与社会功能等主题。坎贝尔借由童话及神话故事中的女性角色（例如《一千零一夜》的故事），以他个人的西方背景对东方国家女性的观察，提出的兼容神话传统与当代社会的女性观点，将有助于现代女性在致力女性觉醒与外在追求后，想要进一步超脱，提升内在自我时的省思。神话中的女性并不像一般电影情节那样，只是等待被英雄救援，或当英雄与恶魔、恐龙与怪兽搏斗时在一旁尖叫而已，而是有其主动、包容的积极角色。

本书英文原版书名的直译应为《生活艺术的省思：约瑟夫·坎贝尔隽语集》（*Reflections on the Art of Living: A Joseph Campbell Companion*），中译本的书名为《坎贝尔生活美学》，基本上不失原意且能更传神地表达出本书启发生命、丰富生活的主旨。全书由“在生命的磁场中”（第一部分）格言式的精神智慧展开，然后引领读者进入“俗世生活的挑战”（第二部分）中各个层面，发掘其中可能闪动的精神之光。在这个基础上更进一步，提升到超世俗的终极“心灵的觉醒”（第三部分）境地，最后再以回归尘世的“神圣生活的艺术”（第四部分）作结，使精神生活得到平衡圆满的发展。由于本书是依据坎贝尔座谈会演说内容，以及坎贝尔相关著作的摘要汇聚而成的文集，因此读者在阅读本书时除依序而下的读法外，如为求思绪上的连贯，不妨先略过引文部分；或者也可单独挑选自己喜爱的主题先下手，因为基本上每一章甚至每一小节都可说是独立成篇的。

最后，要在此感谢外子昌雄从头到尾的校读，使得文中富含广泛意义的宗教、哲学词汇，有了较好的诠释。没有他的协助，本书不可能以今日的面貌呈现。此外，出版社的编辑同仁在编校过程中多方的支援与协助，也在此一并致谢。

活在狂喜之境

在新的物理学领域中，没有磁场和物质并容的地方，因为磁场是唯一的真实。

——爱因斯坦

东方的神秘主义和西方的科学在某一个点上交会了。哲学家们在《奥义书》中提出的“汝即彼”（Tat tvam asi），即“梵我一如”的命题，乃是约瑟夫·坎贝尔哲学的底线。物质并不存在，每件事物都是一个磁场。所有的分别与局限，只存在于我们自己的心中。

将自己或自己的族群独立出来——例如，说“喔，不，我们是不同的”，就是把自己和整体对立起来。将我们从整体中区分出来，无疑是断送了自己的选择机会，并筑起自我禁锢的城墙。一旦在思想和生活中制造了二元性，我们就制造了对立。

1983 年，在伊沙兰（Esalen）研究中心的一个为期一个月的讨论课程中，约瑟夫·坎贝尔与 10 位小组成员密切互动，并以其专业的敏感度分析了每个人的生活。

我们完全沉浸在神话的世界中，小组形成了一股强大的凝聚力，甚至研究中心主任都希望旁听其中的一节课。坎贝尔毫不犹豫地回应道:“这不合适。”这个研习课程创造了一个神圣的领域，让每个人都能安心地去了解自己的心灵深度，表达个人的疑虑，并交换神奇而令人狂喜的故事。最后，坎贝尔表示这是一个有缘的聚会，研习课程随之圆满结束。他那满含优雅魅力的磁场所散发出的真正人性，乃是留给我们最珍贵的礼物。正如帕西法尔所说:“他非天使，亦非圣人，而是一个追求行动的活生生的人，天生具有勇气、慈悲和忠诚的美德。因为对这些内在特质坚定不移的信念，而不是超自然的恩典，他终于赢得了圣杯。”①

编这本书的灵感来自我和坎贝尔相处的时光。本书内容大部分取材自伊沙兰研究中心长达一个月的密集研习课程。书中的内容，部分是出自他相关的作品，用意是求取平衡并使本书增色。本书第一部分“在生命的磁场中”以及其他章节中的格言，则是和他相处的这些年中，记录在我日记里的一些他最偏爱的表达方式。本书其余的篇幅可分成三个部分，相当于意识的三个层面或阶段。

▶ 俗世生活的挑战

第一部分主要和身体的骨盆能量中心有关，亦即生存、性欲及权力。在这部分中，坎贝尔和大家分享他对金钱、异性、衰老、死亡、婚姻、战争、繁殖及仪式等议题的看法。他教导说，去做别人要我们做的事，是一种奴隶道德，而且是通往疾病以及导致精神与身体分离的道路。他建议我们，当别人说话时，不要听他说的字句内容，而要看他以“什么态度”在说话——傲慢、恶意或是轻视？比如，有人会说我们自私，通常是因为我们没有按照“他们”的意思去做。我们一旦局限了自己的选择，就限制了自己的世界观。若这局限达到相当的程度，我们就会成为急切防止他人打破自己所设界线的“世界警察”。

---

① 摘自《上帝的面具：创造性神话》(*The Masks of God: Creative Mythology*)。

▶ 心灵的觉醒

“心灵的觉醒”这一部分是要使我们能开放自己内在的深爱及真实的潜能。一旦能爱自己，便可迈向内心的喜悦。依照约瑟夫·坎贝尔的说法，那是我们最高的热情。“Entheos”这个词是“充满神性”的意思。朝向那使我们充满神性的事物，朝向那时间不存在的地方，正是我们用来改变周遭世界所需的一切。然而，我们是否真能自然不造作地爱其他人，并允许他们以他们的方式，超越自己加诸身上的限制呢？这里的目标是要透过把我们向外投射改造世界的能量，转而向内改正自己，从而自然地进化到那样的境地，亦即回到自己的正途，并平衡地悠游在世间。

▶ 神圣生活的艺术

当进化到最后层次“神圣生活的艺术”时，我们将了解到自己有能力去揭开“幻象的面纱”（maya），以彰显遍布大地之上的天父之国，因为我们都是那制造幻象面纱的人。也就是在那一刻，苍穹的韵律穿过我们，宇宙与我们的心跳合而为一。

坎贝尔教导我，超越象征本身，去感受它们所代表的丰富内涵。对于不能够这么做的人，坎贝尔认为：“就像去餐厅吃饭却只吃菜单，而不吃菜单所描述的正餐一样。”世界上有许多人都在吃菜单，其结果是一种空虚感和精神的贫乏感。

在他面前我们了解到，他所专注的每件事物都是点亮他浩瀚博学之心的一次创作灵思的火花，那是涌现丰富内涵和养分的无底源泉。他的容貌显示出他自己正是这些神奇与奥秘的最大资源。因此，坎贝尔的第一挚爱为什么是美国印第安人，就不令人感到惊讶了，因为对印第安人而言，大自然的每一部分都是神圣的。

生活在那种狂喜之境中是健康的，而遵循你内心真实的喜悦，依照坎贝尔的意思，并不是自我沉溺，而是充满活力的。你整个生理系统都清楚地知道，这就是活在这个世上的方式，也是你所能回馈这个世界的最佳方式。每个人都有一条等待着自己的人生道路，一旦上了轨道，过去不曾敞开的大门便会因此敞开，而且只为你一人而开。每件事物都开始和你契合无间，甚至连大地之母也会支持你的旅程。

▶ 向诸神迈出一步，诸神向你迈出十步

我发觉，你真的只需要向诸神迈出那通往诸神的一步，诸神便会向你迈出十步。那一步是你在旅程中跨出的英雄式的第一步，它超出你的界线或能力之外，而且通常必须是在你知道将有支援之前便要采取行动。英雄的旅程，可以被视为婴儿的诞生过程：起初是身处在一个温暖舒适的安全场所，接下来，如果同一信号逐渐增强，那就是他该离开的时候了。若是到了时辰而不离开，便会腐化堕落。没有血、泪、痛苦，就不会有新生。

▶ 生命本身不具意义，是人类赋予它意义

经常有人问坎贝尔“生命的意义是什么”，他会回答说：“生命本身不具意义，是人类赋予它意义。”和荣格一样，坎贝尔不认为老年的到来只是生命的减损而已，他将其视为成熟盛开的人生时光。如果我们的人生之杯已经盛满了，而所有需要被吸收的事物都已燃烧殆尽，那么老年的安静就是值得欢迎的。如果人生仍有太多未曾经历，我们就会带着不满足的需求迈向老年的门槛，却又频频回首前尘。正如荣格所说的：

> 无法挥别生命的老人，看起来与没有能力拥抱生命的年轻人，同样的虚弱和无精打采。
>
> 《荣格全集》第8册

坎贝尔教导我们说，人们可以选择生活在狂喜中，这种感觉并不“客观存在”

(out there) 于其他地方或其他人身上，我们不需要到某个地方，得到某种事物或认识某个人，才能得到这种感觉。“它就在‘这里，这里，这里’。”所需要的只是意识的转变。

我实在告诉你们，你们若不回转，变成小孩子的样式，断不得进天国。①

《马太福音》18 章第 3 节

在孩童时代，我们知道何时该安静和警觉，以便吸引合适的人及动物到自己面前。这很容易做到，神奇的魔力四处可见。虽然在面具充斥的世界里，我们丧失了这项童年的魔力，但是我们终究是要再变回孩童的。正如坎贝尔所说的:“代表自我发现的狮子必定会杀掉那条身上每个鳞片都写着‘你应该’(Thou Shalt) 的龙。”

和坎贝尔共事以来，我对孩童内在精神性和创造性的崇敬，使得圣诞佳节为之升华。挂满灯饰的树都是满足希望之树，是世界之树，是世界的轴心 (axis mundi)。而当柔软的树枝往上延伸，升向天堂时，我也以轻松和崭新的心情庆祝复活节——任由大地之母去会见天父之灵。每一枚复活节的彩蛋都是宇宙的蛋，每一只破壳而出的小鸡都象征着神灵的诞生；每一只兔子都是不断在变化却永远一样的月亮圆蚀循环之表征。

一位老阿帕奇② 印第安说故事者提醒我们:

植物、岩石、火、水，都是活生生的。
它们看着我们，注意到我们的需求。

---

① 本书所援引的《圣经》译文，均采用《和合本》译本。——编者注
② 阿帕奇 (Apache) 是一族美洲印第安部落的名称。——编者注

当我们无所庇护时，它们看到了，
就在那时，它们现身同我们沟通。

我想起坎贝尔极喜爱引用的诺斯替教派（Gnostic）①《圣托玛斯福音》（*Gospel of St. Thomas*）的一段话：

劈开木头，我在那儿。
举起石头，我也在那儿。
为何有那些我从未走过的树，
但庞大且充满旋律的思想却
降临在我身上呢？

惠特曼如此写道：

我想它们不分冬夏挂在那些树上，当我走过，总有果实落了下来②。

美国诗人惠特曼《草叶集》（*Leaves of Grass*）之
《大路之歌》（*Song of the Open Road*）

苏格兰芬德霍恩（Findhorn）的居民相信，树的意识是“超越锯木机”的，而且树木能感觉到用它们作材料盖成的屋子，以及它们庇护的人们……

这个家
这张椅子
这一页纸
就在这里　就在这里　就在这里

① 亦译“灵智派”、“神知派”。罗马帝国时期在地中海东部沿岸各地流行的许多神秘主义教派的统称。认为物质和肉体都是罪恶的，只有领悟神秘的“诺斯”（希腊文“gnosis”，意为“真知”、“灵知”、“直觉”），才能使灵魂得救。——编者注
② 在此选用的是楚图南译文。——编者注

REFLECTIONS
ON THE
ART OF LIVING

目 录

译者序 平凡生活，神圣生命 I

序 言 活在狂喜之境 V

第一部分 **在生命的磁场中**

第二部分 **俗世生活的挑战**

麻烦始于二元对立的发现 029
阿尼玛与阿尼姆斯 033
爱是完美的慈悲 035
尼采：爱你的命运 038
“生命”的经验 039
爱的宗教 042
温柔心 044
婚姻 048
神话 052
金钱 054
走在自己的道路上 056
斯宾格勒与斯坦贝克 059
响尾蛇与白老鼠 061
安住在有归属感的位置 062
避免堕入荒原 065
艺术的生活方式 068
心灵的召唤 070
人生的阶段性 076
舍弃 078
黄金年代 080
仪式 081
复活 083
7个珍贵事物 086
死亡 087
生命 090
自杀 092

活在当下 093

第三部分 心灵的觉醒

瑜伽修行法 097
世界的神圣力量 103
印度寓言 104
嗡……嗡……嗡…… 107
生命真是艰难 111
你－它 113
预感 116
人造真理的谬误 118
“把事情做好”就是艺术 119
在每件事情中追求卓越 121
用心理学诠释神明 123
救赎 125
愉悦地参与世间的苦难 130
地狱之火 131
找到你自己 133
大卫之星 135
记在账上 138
成为自己生活的主人 139
上帝的意象 141
钉上十字架 146
脱离枷锁 149
神的天国在我们心中 150
世界末日 151
神圣的空间 155
以游戏的心情去完成 157
神圣空间无所不在 161
觉悟的边缘 162
冥想的佛 165
涅槃与轮回 167
观世音菩萨 169
内在平静之点 171
到达彼岸 173
这就是了 176
心理的转化 178
改变心的位置 179
自我是什么 182
让出路来 184
女性（之一）186
女性（之二）188
男人的旅程 192
女人的旅程 194
女人只要做她自己就好了 196
危险之床 197
雅典娜，赫拉，维纳斯 200
觉悟得道 202

第四部分 神圣生活的艺术

摩耶的力量 207
“合宜的艺术”与“不合宜的艺术”212
美学的进阶 215
美的惊骇 217
宗教的艺术 220
艺术家应具备的条件 223
艺术家为神而舞 226
艺术家的未来 229
创作的历程 231
不要将你的珍珠丢在野猪面前 234
印度的庙宇艺术 237
“多愁善感的”艺术家与“纯真的”艺术家 238
神圣丰盈之美 240
象征 242
月亮的奥秘象征 244
大地之子 248
太空荒漠中的绿洲——地球 252
新的神话 256

约瑟夫·坎贝尔基金会简介 259

REFLECTIONS
ON THE
ART OF LIVING

第一部分

在生命的磁场中

The privilege of a lifetime
is being who you are.

生命可贵之处在于
做你自己。

What you have to do,
you do with play.

Life is without meaning.
You bring the meaning to it.

The meaning of life is
whatever you ascribe it to be.

Being alive is the meaning.

生命中该做的事，
要以游戏的心情来完成。

生命本身不具意义，
是你赋予它意义。

生命的意义
依据你所下的定义而定。

活着本身就是意义。

The warrior's approach
is to say "yes" to life:
"yea" to it all.

Participate joyfully
in the sorrows of the world.

We cannot cure the world of sorrows,
but we can choose to live in joy.

When we talk about
settling the world's problems,
we're barking up the wrong tree.

The world is perfect.It's a mess.
It has always been a mess.

We are not going to change it.

Our job is to straighten out
our own lives.

战士之道
在于“肯定”生命：
“肯定”它的一切。

愉悦地参与
世间的苦难。

我们无法矫治这个苦难的世界，
但我们能选择快乐地活着。

当我们谈论
如何解决世界的问题时，
我们是在缘木求鱼。

世界是完美的。它是一团乱。
它本来就是一团乱。

我们不是要去改变它。

我们的责任是去厘清
自己的生活。

We must be willing to get rid of
the life we've planned, so as to have
the life that is waiting for us.

The old skin has to be shed
before the new one can come.

If we fix on the old, we get stuck.
When we hang onto any form,
we are in danger of putrefaction.

Hell is life drying up.

The Hoarder,
the one in us that wants to keep,
to hold on, must be killed.

If we are hanging onto the form now,
we're not going to have the form next.

You can't make an omelet
without breaking eggs.

Destruction before creation.

我们必须愿意放弃
原先规划好的生活，
以便拥有在我们面前等待着的生活。

在新的皮肤长出来之前，
旧有的皮肤，必须先蜕去。

如果我们固定于旧的事物，便被困住了，
一旦执着于任何形相，
我们便陷入堕落腐化的危险中。

生命枯竭了便是地狱。

囤积者，
是我们内在那想去保有、执着的心态，
必须要加以铲除。

若攀住现有的形相，
我们便不可能拥有下一个形相。

不打破蛋
便不可能煎出蛋卷来。

毁灭先于创造。

Out of perfection
nothing can be made.

Every process involves
breaking something up.

The earth must be broken
to bring forth life.

If the seed does not die,
there is no plant.

Bread results
from the death of wheat.

Life lives on lives.

Our own life
lives on the acts
of other people.

If you are lifeworthy,
you can take it.

What we are really living for
is the experience of life,
both the pain and the pleasure.

The world is a match for us.
We are a match for the world.

完美之中，
一无所成。

所有的过程，
都会造成破坏。

大地必先被破坏
才能孕育新生命。

如果种子没有死去，
就不会有植物。

麦子的牺牲
换来了面包。

生命依赖生命活存。

我们自己的生命
是建立在
他人的行为上的。

如果你认为生命值得珍惜，
你便能接受它。

生活真正的目的在于
生命的体验，
苦乐尽在其中。

我们和世界相配，
世界也与我们相配。

Opportunities
to find deeper powers
within ourselves
come when life
seems most challenging.

Negativism
to the pain and ferocity of life
is negativism to life.

We are not there
until we can say
"yea" to it all.

To take a righteous attitude
toward anything is to denigrate it.

Awe is what moves us forward.

As you proceed through life,
following your own path,
birds will shit on you.
Don't bother to brush it off.

Getting a comedic view
of your situation
gives you spiritual distance.
Having a sense of humor saves you.

发掘我们内在
深层力量的
机会，
会在生命最具挑战性的时刻
到来。

对生命的痛苦及残酷
采取否定的态度，
便是否定生命。

在我们能肯定生命之前，
我们都不是真正
活着。

凡事都以应然的态度面对，
就是玷污了它。

敬畏是使我们向前迈进的原动力。

当你循着自己的道路，
走过人生时，
鸟屎偶然地落在你身上。
不要浪费时间拂去它。

以幽默的视角
看待你的处境，
将会为你提供精神上的空间。
幽默感能够拯救你。

Eternity
is a dimension
of here and now.

The divine lives within you.

Live from your own center.

Your real duty
is to go away from the community
to find your bliss.

The society is the enemy
when it imposes its structures
on the individual.

On the dragon there are many scales.
Everyone of them says “Thou Shalt”.

Kill the dragon “Thou Shalt”.

When one has killed that dragon,
one has become The Child.

Breaking out
is following your bliss pattern,
quitting the old place,
starting your hero journey,
following your bliss.

You throw off yesterday
as the snake sheds its skin.

永恒是
当下的
一个层面。

神性活在你的内心。

依你内在的圆心而活。

你真正的责任是
远离社群，
以寻找内心真实的喜悦。

如果社会将其规范
强行加诸个人身上，
社会便是个人的敌人。

龙的身上有许多鳞片。
每个鳞片上都写着“你应该”。

杀死那代表“你应该”的龙。

当你杀死龙时，
你就成为反璞归真的“孩童”。

打破窠臼即是
遵循你内心真实的喜悦，
抛掉昔日的环境，
开始你的英雄之旅，
遵循你内心真实的喜悦。

如同蛇蜕去它的皮一般
你也要抛掉昨日。

Follow your bliss.
The heroic life is living the *individual*
adventure.

There is no security
in following the call to adventure.

Nothing is exciting
if you know
what the outcome is going to be.

To refuse the call
means stagnation.

What you don't experience positively
you will experience negatively.

You enter the forest
at the darkest point,
where there is no path.

Where there is a way or path,
it is someone else's path.

You are not on your own path.

If you follow someone else's way,
you are not going to realize
your potential.

遵循你内心真实的喜悦。
英雄式的生活就是
“个人”冒险的生活。

遵循冒险的召唤
不会是风平浪静的。

如果你知道
结果会是什么，
就没有什么好兴奋的了。

拒绝心灵的召唤就
如死水般停滞。

凡是不能正面体验到的事物，
你将负面地体验到它。

你进入森林中
最黑暗的一点，
那里没有道路。

凡是有道路之处
都是别人的道路。

你不是走在自己的道路上。

若遵循别人的道路，
你便无法认清
自己的潜能。

The goal of the hero trip
down to the jewel point
is to find those levels in the psyche
that open, open, open,
and finally open to the mystery
of your Self being
Buddha consciousness
or the Christ.

That's the journey.

It is all about finding
that still point in your mind
where commitment drops away.

英雄巅峰之旅的
目的在于，
发掘心灵的不同层次
让它开放，开放，再开放，
直到揭开你自性的奥秘为止。
不论那是佛性，
还是基督。

这就是英雄之旅。

这一切的关键在于找出
你心中的宁静所在。
在那里，世俗的羁绊烟消云散。

It is by going down into the abyss
that we recover the treasures of life.

Where you stumble,
there lies your treasure.

The very cave you are afraid to enter
turns out to be the source of
what you are looking for.
The damned thing in the cave
that was so dreaded
has become the center.

You find the jewel,
and it draws you off.

In loving the spiritual,
you cannot despise the earthly.

The purpose of the journey
is compassion.

When you have come past
the pairs of opposites,
you have reached compassion.

The goal is to bring the jewel
back to the world,
to join the two things together.

只有走入深渊之中，
我们才能重新发现生命的宝藏。

你跌倒的地方，
正是你的宝藏所在。

你恐惧进入的洞穴
反而是你所寻找事物的来源。
洞穴中如此令人害怕的
可憎事物，
反而成为你生命的中心。

你找到宝藏，
它却把你拖垮。

在喜爱灵性生活的同时，
你不能轻视世俗的事物。

人生旅程的目的
在于慈悲。

当你超越了
各式各样的对立，
你便达到慈悲的境界。

我们的目标在于将灵性的宝藏
带回这个世界，
将两者连接起来。

The separateness
apparent in the world
is secondary.

Beyond that world of opposites
is an unseen, but experienced,
unity and identity in us all.

Today, the planet is
the only proper "in group."

You must return
with the bliss
and integrate it.

The return is seeing
the radiance everywhere.

Sri Ramakrishna said:
"Do not seek illumination
unless you seek it
as a man whose hair is on fire
seeks a pond."

If you want the whole thing,
the gods will give it to you.
But you must be ready for it.

出现在这个世界上
的明显区隔
只是次要的。

在那充满对立的世界之外，
有一种存在于每个人内在看不到，
但感受得到的和谐感与认同感。

今日，地球本身乃是
人类唯一适合的“集体象征”。

你必须以无限的喜悦
回到这个世界，
并将它融入你的喜悦中。

回到这个世界
乃是感受无所不在的光芒。

印度哲人罗摩克里希纳说：
“不要寻求智慧的启发，
除非你像
头上着了火的人
急着找池塘一样。”

如果你要的是整体，
神明会将它给你，
但你必须准备好才行。

The goal is to live
with godlike composure
on the full rush of energy,
like Dionysus riding the leopard,
without being torn to pieces.

A bit of advice
given to a young Native American
at the time of his initiation:

"As you go the way of life,
you will see a great chasm.

Jump.

It is not as wide as you think."

你的目标是要像
神一般的平静，
但却以全速前进的能量去生活，
就像酒神狄俄尼索斯能骑在豹子身上，
却不会被撕成碎片一样。

一位年轻的美国原住民
在他的成人礼时
得到一则小小的建议：

“在人生的道路上，
你会看到一个巨大的坑洞。

跳过它。

它没有你想象的那么宽。”

REFLECTIONS ON THE ART OF LIVING

第二部分

俗世生活的挑战

麻烦始于二元对立的发现

> 二元对立是如何在上帝的花园中产生的呢？在花园里，有两棵禁果树。

上帝有一座花园，他需要一个园丁来看管，所以创造了亚当。亚当一个人很无聊。他尽责做好园丁的工作，但那工作毫无乐趣可言。上帝晓得亚当在工作之外需要娱乐，因此创造了动物来取悦他。然而，亚当在动物身上能够变出来的把戏，只是帮它们取名字而已。

因此上帝说："好吧，只有这么做了。"他让亚当入睡，并从亚当的身体中抽出一根肋骨，造出了夏娃——正如詹姆斯·乔伊斯[①]所说的，她是小巧玲珑的伴侣。接下来，麻烦便开始出现，而我们都在这场游戏中。

男人和女人，生命和死亡，
善和恶：对立的问题。

麻烦开始于二元对立的发现。那就是人类的堕落。在此之前，人类并没有真的认知到二元对立的存在。二元对立是如何在上帝的花园中产生的呢？在花园

① James Joyce（1882—1941），爱尔兰诗人、作家，20 世纪最重要的作家之一。代表作有短篇小说集《都柏林人》，长篇小说《一个青年艺术家的画像》《尤利西斯》《芬尼根守灵夜》等。——编者注

里，有两棵禁果树。“你们可以吃花园内其他树上的果子，但不能吃这两棵树的果子。”第一棵树是善恶知识的树，亦即二元对立的树。第二棵树，则是永恒生命知识之树。

伊甸园中代表了二元对立时间领域中阴冷意识和生命的蛇看到夏娃，认为她一定很无聊。当这种情况发生时，总会有一位朋友出现在伊甸园中，那便是蛇。

蛇对夏娃说：“这棵树很有趣。别管上帝那老家伙怎么说的——尝一尝，你会真的知道一些事。”夏娃尝了一口，向亚当走了过来，她说：“你瞧，没事的。”

因此，亚当也尝了果子，后来当上帝在一个清凉的夏夜走进花园时，看到他们两个腰下的位置围了无花果树的叶子，他说：“这是什么？你们穿上了树叶！”

女人启动了男人；
于是他开始行动，
而她则必须承担后果。

他们告诉上帝怎么回事，过程大家可想而知：男人责备女人，女人再责备蛇。于是，上帝诅咒他们的命运，一个比一个严重。男人得到的处罚很轻，他唯一需要做的工作只是流汗。女人则必须经历生产之苦。蛇则必须终其一生以腹部在地上爬行。上帝将他们逐出伊甸园外，并派了两位天使守在花园门口，中间还放了一把燃烧着火焰的剑。这解释了人类为何生活在这冰冷的世界，而不是在小花园里的原因。

基督教和犹太教
是放逐的宗教；
人类被逐出上帝的花园。

上述解释在今天看来似乎不大可能，但一直到大约半个世纪以前，包括神职人员、哲学家、政府官员等在内的所有人都相信确有其事。今天我们知道，而且清楚地知道，并没有这一类的事。地球上没有伊甸园存在，蛇是从来不能说话的。没有史前时代人类的“堕落”，没有人自伊甸园中被放逐出来，没有世纪洪水，也没有诺亚方舟。建立在西方主要宗教基础上的整个历史，乃是集虚构故事之大成。然而有意思的是，类似形态的虚构故事却也普遍地成为建立其他宗教的传奇故事。与它们对等的故事四处可见，但是却从来没有出现过蛇、树或洪水。

摘自坎贝尔《指引生命的神话》(*Myths to Live By*)①

蛇是花园中最聪明的动物。
亚当和夏娃
却被抛入时间的领域中。

……宇宙开始之初，只有以男人形态存在的本我（Self）。他看看四周，除了他自己之外，什么都没看到……

他的大小，相当于一个男人和一个女人合抱在一起的体积。接下来，本我将他自己分成两个部分；因为他这个动作，就有了男主人和女主人。因此，正如圣哲耶若婆佉②所宣称的，这个身体就像是一个豆荚被分开后的半边。那也就是为什么这个空间需要另一个女人来填补的原因——他和她结合，于是人类由此而生……

她成为一头母牛，而他是一头公牛，并和她结合，于是产生了牛群。她成为一匹牝马，而他是一匹种马；她成为一头母驴，而他是一头公驴，并和她结合，于是产生了整群有蹄动物。她成为一只山羊，而他是一只雄羊：她成为一只绵羊，而他是一只公羊，并和她结合，于是产生了整个羊族。依此，他产生了所有成双成对的事物，包括蚂蚁在内。

《广林奥义书》(*Brihadaranyaka Upanishad*)

---

① 本书简体中文版已由湛庐文化策划、浙江人民出版社出版。——编者注

② Yajnaualkya，生存年代及传记均不详，被推定为公元前 8 世纪。其学说被认为系佛陀以前，印度代表性的哲学论说。婆罗门典籍中称他为婆阇娑尼耶，亦称祭皮衣仙。——译者注

婚姻是重新建构
一个阴阳调和的整体。

假如你只为了爱情而结婚，
就不会长久。

你的婚姻同时必须建立在
另一层次上，
去重新调和阴阳，
创造完美整体的
男性与女性。

……让我们看看在柏拉图《会饮》（*Symposium*）中阿里斯托芬尼（Aristophanes）所说的寓言——虽然是用诙谐的口气，但却属于同一种神话形态：它把最早的人类说成是“圆的，有四只手及四只脚，背后及两边合起来形成一个圆圈，两张脸朝向相反的方向，顶在同一个头颈上，状极相似；他还有四只耳朵，其中两只是隐藏的，剩余的两只则配合前者”。依据柏拉图主义对这个伟大神话主题的说法，这些原始的生物共有三种不同的种类：男性－男性，男性－女性，以及女性－女性。他们拥有极大的力量；因为诸神惧怕他们的力量，天王宙斯遂决定将他们切成两半，就像苹果被分开来腌制一样……在人被分成两部分之后，渴望另一半的每个原始人，都走向自己的另一半，用手臂环绕着对方，急切地要融成一体：不这么做，他们将会饥渴而死，因为他们不愿意独自一人做任何事……深植在你我心中渴求另一半的欲望，重新与本性结合，由二分合一以及治疗人类精神分裂状态的欲求，是如此的原始。分离出来的个体不过是整体原人的副本而已，就像是只拥有一面的比目鱼，一直在找寻自己的另一半。

摘自坎贝尔《原始神话》(*Primitive Mythology*)

在寻找你的伴侣时，
如果你的直觉是纯正的，

你会找到你的他或她。
如果不纯正，
你就会一直碰到不对的人。

阿尼玛与阿尼姆斯

男性对女性的内在原型意象，以及女性对男性的内在原型意象。

我们要如何谈论夫妻之间是否有命运的存在呢？我可以感觉得到它，但我不相信它。以我的情况而言，我在莎拉·劳伦斯学院（Sarah Lawrence College）教的都是一些年轻漂亮的女孩子，在有些课堂上，我总有一股莫名的雀跃感。我花了 6 个月的时间，才找出是哪个女孩让我有这种感觉。而当我发现时，我知道，我完了。

当我第一次看到我太太时，我就感觉到了命定之缘，但却不能清楚地知道。她当时在我的课堂上，我的心总是莫名地跳动不已——到底是谁在作祟？最后，我终于知道是她，但是我对她的爱慕经历了复杂的心路历程，直到后来我用最含蓄的方式表达出来时，她才知道。那时，她即将离开学校，我送了她一本书，是斯宾格勒（Spengler）的《西方的没落》（*Decline of the West*）。那是一个小礼物，但情意却很深厚。

我这情感投射的背后是有一定道理的。为什么这个投射来自于我，而不是别人？因为它是奠基于我的深层生命体验，而那正是一个人的命运所在。你的命运是由你自己的生命建构而成的。因为有我的生命存在，才有那种方式的投射的产生——一种甚至可远溯自我婴儿时期便有的女性经验。

这就是命运：纯粹是你个人自我生命系统潜能的实现。这些能量会导向特定的方向，这就是你对人生特定承诺的来源。

（男性）情感投射形成的一个因素是阿尼玛（anima）[①]，或者可以说是阿尼玛所代表的无意识状态。不论她是出现在梦中、心象中还是幻想中，她都会以人格化的形象出现，这说明她所融入的要素具备了所有女性存有的显著特质。她并非来自意识的发明，而是来自无意识的天然产物。她也不是母亲的替代角色。相反的，使得母亲这个意象之所以拥有如此危险强大力量的神秘特质，极可能是来自不断重新出现在每个男孩身上的阿尼玛集体原型。

荣格

女性的身体
是新生儿最初的世界。
从那时起
男孩的阿尼玛投射
便来自她。

正如母亲看来是形成儿子投射要素的第一人一样，父亲对女儿而言，也有类似的效应……女性受到男性要素的补偿，也就是说，她的无意识含有男性的特征，结果就形成了两性间相当程度的心理差异。因此，我在前面称女性内在的投射要素为阿尼姆斯（animus）[②]，是心或灵的意思……当阿尼玛和阿尼姆斯碰在一起时，阿尼姆斯会抽出他的力量之剑，而阿尼玛则会散发出她虚幻诱人的蛊毒。其结果并不一定总是负面的，因为双方同样有可能坠入情网（这是一见钟情式爱情的绝佳例子）。

荣格

从对异性的反应中，
你可以察觉到自己的阿尼玛或阿尼姆斯。

---

① 阿尼玛，意为生命、灵魂，荣格称之为“灵气”，意指男性对女性的内在原型意象。——译者注
② 阿尼姆斯，女性对男性的内在原型意象。——译者注

古老的巴比伦神话中有一个关于马杜克（Marduk）神的基本意象。马杜克是伟大的太阳神，是形塑和创造世界的神。他用什么创造了这个世界呢？他的祖母是提阿玛特（Tiamat）。她以怪兽的形态出现，而马杜克将她剖开。

提阿玛特终究会将自己剖开，但她却让马杜克显得像主宰者，因为人必须在行动中有那样的自信，才能拯救世界。因此，提阿玛特很大度，虽然她自己能够完成这个工作，但却让马杜克这个小男孩认为是他完成了工作。

这就是阿尼姆斯的特质，它是女性能做但却让男性替她完成工作的某种投射。男性的身体由于天赋异禀的条件，能够完成这些事。了解到这个力量来自你的内在是一回事，但要了解到这一力量所隐含的行动由男性来完成比你自己来完成更恰当，则需要认识到男女之间的关系。

当女性了解到这个力量来自其内在，她便能视男性为一个独立的个体，而不只是一个她心目中需要的典范而已。对男人而言，如果男人只视女人为上床的对象，他就会视女人为满足自己需要的物体，而不是一位独立的女性。这就像是眼看着一头牛，心中想的却是烤牛肉而已。

坠入情网是自然的杰作。
它从被异性吸引开始。

爱是完美的慈悲

如果那是一颗温柔的心，爱便诞生了。

这种情况的确很令人惊讶，但到目前为止，我们的神学家仍在谈论神性之爱的“爱格匹”（Agape）和情欲之爱的“爱诺司”（Eros），以及它们之间的根本对立，好像这两者是“爱”的最高指导原则一样：前者是“慈善”，是像神一般的精神领域，是“社区中的人性对待”；后者则是“贪婪”，是自然的血肉之躯，是“冲动、欲望及性的欢愉”。从来没有听过哪个神职人员把象征个人之爱的“爱摩儿”（Amor）视为是有别于前两种爱的第三个原则。爱摩儿既不是右倾的道路（升华的精神、心和人类的社群等），也不是含糊不清的左倾之路（自然的反应，阳具与子宫的相互勾引等），而是直接呈现在每个人面前的道路。它就在眼前，也是传达给心的信息。

伟大的吟游诗人（可能是历来最伟大的一位）古义劳特·德·勃涅（Guiraut de Borneilh）的一首诗，正是阐明了这个观点。

所以，爱从眼睛，触及内心：
因为，眼睛是心的斥候，
于是眼睛四处侦察，
那能让内心喜悦去拥有的事物。
而当它们一致和谐
且心意坚决时，
完美的爱便诞生了。
从那由眼生爱的事物而生，
除了一恋倾心之外，
爱不会诞生，也不会开始。

是恩典所赐，是命运的必然，
从心、眼、事物，以及从它们所生的快乐，
爱诞生了，它衷心的希望
是去慰藉她的朋友。

因为真正的恋人，
都知道，爱是完美的慈悲，
无疑的，它是由心与眼所生，
眼睛使它开花；心滋养了它：
爱是这些种子的果实。

随着眼神的交会，
吟游诗人的爱随之诞生。
眼睛是爱情的斥候。
如果那是一颗温柔的心，
爱便诞生了。

在我们唤醒爱的那一刻，有个明显从外而来的客体，“永恒地进入（用乔伊斯的话说）灵魂……灵魂随着这个召唤而跳跃起来。它生存、犯错、堕落、赢得胜利，或是自生命中重新创造出生命来”！

坎贝尔改写自乔伊斯著作《一个青年艺术家的画像》
（*A Portrait of the Artist as a Young Man*）

爱情不只是生命的经验，
也是神秘的经验。
在宫廷之爱中，那爱的苦，
那不可能的满足，
乃是生命的本质。

当心抗拒一般的逢迎以坚持它的命运时，是非常痛苦和危险的。然而，这些力量的动能实非感官所能预料。世界各个角落连续发生的事件，会逐渐汇聚结合，巧合的奇迹于是引出必然的命运。

摘自坎贝尔《千面英雄》
（*The Hero with a Thousand Faces*）[①]

你的生命有多长，
爱就有多长，
爱和生命一样的坚韧。

① 本书已由湛庐文化策划、浙江人民出版社出版。——编者注

尼采：爱你的命运

> 发生在你身上的事，没有一件是负面的。

失去爱人以及关系破裂所带来的痛苦，乃是一种投射的超载。事实就是如此。年轻的时候，认为“这就是一切”的美妙梦想，乃是你生命的全部。换言之，这个关系实现了你的爱情幻想，你无法想象少了它的生活会是什么样子。任何论证都不能够平息这种将所有的一切都投射在另一个人身上的感觉。我猜，每个人都会回想起自己青少年时期的某段恋情，那仿佛是一切的一切，但最后却总因某种缘故而破碎、幻灭。

在某段关系终止后，人们需要花费一段时间让自己平静，并找到新的爱情承诺。在爱情关系终止之后，若无法找到新的承诺对象，而其生命的潜力又被剥夺殆尽，此时痛苦的反应便出现了。对某些人而言，这是段非常危险的时期。

你的心灵知道怎么去疗伤，但那仍然是痛苦的。有时，疗伤的过程比最初的伤害还要大，但如果你能承受下来，你就会变得更坚强，因为你生命的基础更为广阔。每一次的承诺都是一种窄化，所以当承诺失败时，你必须重新找到一个更广阔的生活基础，并且要有维持它的力量才行。

尼采在这点上可以帮助我们。在他生命中的某个时刻，突然领悟到他称为“爱你的命运”这个观念。不论你的命运如何，不论多糟的事情发生，你都要告诉自己：“这就是我需要的。”也许它看起来残破不堪，但你要把它视为一个机会和挑战，勇敢地迎向它。假如你在此时注入关爱而非沮丧失意，你就会发现力量存于其中。你能度过不幸的灾难，就是你性格上、精神上和生命上的一种长进。这真是生命的可贵之处！这个时候，也正是你自发的本性得以流露出来的机会。

事后，当你回顾自己的人生时，你会发现那些因不幸造成极大失意的时刻，正是塑造你现在所拥有的生活的事件。你将发现这是真实不虚的。发生在你身上的事没有一件是负面的。虽然在事发时，那些看起来或感觉起来像是负面的危机，事实上却不是如此。危机将你向后抛，但当你需要展现力量时，它就会出现。

灵魂的黑夜
正好在启示前降临。

当所有的一切都失去了，
而一切好像黑暗无望时，
新的生命出现了
而所需的一切也在那儿。

“生命”的经验

> 那种感觉到能够成为“生命中”的事实是美妙的。

我和珍[①]结婚46载。在我们的婚姻中，彼此间有一种情感与学识的交流，因此我们体验到“二而一，一而二”的境界。我们不需要将它理论化，因为我们了解它的意涵。它是歌德所称的“黄金婚礼”，这种感觉能够成为“生命中”的事实，真的很美妙。

神话帮助你找出
那涌现在你身上的能量的奥秘。

你的永恒便在其中。

---

① 珍·厄尔德曼（Jean Erdman），坎贝尔的太太，曾是他的学生。她是一位编舞者。——译者注

能够拥有足够的神话学知识，以了解如此美妙的经验是件美好的事。很多人同样会有这种经验，但却不知道拥有过它。凝聚在神话意象中的这些陈年道理，其美妙之处在于可以让你知道，你所体验到的是什么。

神话是意象的组合
是某个时代某个文化中
经验、行动以及人类心灵满足
的一种隐喻表现。

在最初的爱情关系中，“黄金婚礼”的目标早已隐含其中。在孩子出生之时，年老也隐含其中，也就是说，孩子的衰老早已在那里等待了。同样，你年纪愈长愈能体会到自己仍是一个孩童，而且你早年的经验也正在逐渐展开。它基本上是同一个生命系统。

这是乔伊斯名著《芬尼根守灵夜》中的重要主题之一。书中女主角安娜（Anna Lvia Plurabelle）的意象，乃是穿越都柏林市的利菲河的拟人化象征。

如同一个小女孩般的利菲河源自都柏林市南方的小山丘，那些舞动的小支流在此汇集成河。然后它向北流入一处美丽的郊区，那儿就像是母亲和她家人生活的景象，象征人生的中年。利菲河仍是同一条河。

接下来，她转了一个弯，穿过都柏林市，成了一条老旧脏臭的都市之河，把所有都市的垃圾重新带回，流入象征父亲的海洋中。接着，太阳将海洋的水汽蒸发成云，它现在变成了一朵象征母亲子宫的蓝天中的小云。小云飘过山丘，并化为雨在山区飘落。

人生的前一半，
我们服务社区——投入；

人生的后一半
我们转而向内——淡出。

她一直是同一个人，同一条河。乔伊斯的精彩文笔让你体会到老妇和稚女其实是一体的。这真是奇妙无比。如果你用心注意自己内心体验，那么在你逐渐年长后，你确实会有这样的感觉。

人们常说老人无法记得昨日发生过的事情，但却可以很清楚地回忆起半个世纪前的往事。这是真的。

步入老年后，你自周遭的日常俗务中解脱出来，沉浸在自己的回忆系统中，往事是非常鲜活的。儿时和双亲一起经历的危机再度出现，与你同在。这些记忆变得很重要，它们是帮助你体悟过去亲情关系意涵的关键时刻。

当我回顾往事时，我有时会想："天啊！你错过了一切。"奇怪的是，在某个特定年龄，关于我的生活方式，我能看到的尽是些负面的事物。例如，在某一刻错失了某事，或是我像个大笨蛋等。现在，我则试着不要去想它。我要到天堂去了，据说在那儿，我不会记得这些事。

在老朽之时，
你以感激的心情，
回顾自己的一生，
并且以回家的心情，
面向死亡。

但丁在走出炼狱时，他喝了可以将他所有原罪从记忆中抹去的河水。他喝下第一条河的河水，所有的原罪便得到宽恕，但那仍然不够，他必须忘掉它们才行。

爱的宗教

> 在第五阶段的爱中，爱情以外的东西都潜退了，剩下的只是专一的执着。

在印度教中，毗湿奴神[①]的宗教就是爱的宗教。以毗湿奴神的方式分析，爱可分五个阶段，而且每个不同阶段都各有其代表的典范。寻找并获得启发的整个训诫，可以通过这个渠道的能量来实施。

第一个阶段的爱是仆人对主人的爱，这是一种低层次的爱。“神啊，你是主人。我是仆人。告诉我该做什么，我就会照做。”这是律法之宗教的方式，其中有许多命令——十诫、千诫，甚至十一万诫。这是一种恐惧的宗教。此宗教的信徒尚未觉醒到内在神性的呈现。神在外头某处，而你在这里。这种方式的爱主要是给那些没有时间献身于宗教思考或爱的人。

代表第一阶段的爱的典范，乃是那猴王哈奴曼[②]，也就是罗摩（Rama）的仆人。我不清楚在基督教传统中，是否有属于这个阶段的特别例子，但也不必有什么例子，因为对大多数人而言，基督教传统也没有什么其他东西；这里要遵守《十诫》，那里也要遵守《十诫》。

第二个阶段是朋友和朋友之间的关系，是对我们称为“爱”的事物的觉醒。在此阶段的人比处于第一阶段中的人更会为其朋友设想。第二阶段朋友之爱的典范乃是使徒对耶稣的爱，或任何真正爱事、爱人之人的爱。

20世纪的伟大印度圣哲罗摩克里希纳上师，曾问一位自称不爱上帝的妇女：“在这世上，难道没有什么东西是值得你爱的吗？”她回答：“我爱我的小侄子。”“好，

---

① 毗湿奴神（Vishnu）是印度教三大天神中的维系之神，负责维系宇宙的和平。——译者注

② 哈奴曼（Hanuman，又做 Hanumana），为印度史诗《罗摩衍那》中的神猴，乃《西游记》中孙悟空之原形。——译者注

那么，”他回答，“就是他了，他就是你的奉献对象。”不论何时，当你体验的爱是一种自发行为，而不是遵循一道指令时，你便由第一阶段晋升到第二阶段了。

这是很值得深思的。有多少宗教的仪式达到了这个层次呢？我敢说是很少的。不过，这才是它应该走的方向。宗教经验若只是完成律法及戒条所规定的事项，就大大被贬抑了，而你不过只是一个愿意或不愿意遵从命令的人罢了。当爱的关系是一种自发性的行为时，你便进入了另一领域。

第三阶段的爱是父母对孩子的爱，这比朋友之间的爱更为亲密且强烈。这一阶段的爱在基督教系统中表现出来的意象，便是圣诞夜耶稣诞生的马槽。在这个意象中，婴儿代表的是来到我们每个人心中的耶稣，这象征着你觉醒到神性就在你心中。它是真正的宗教生活的曙光。你是在抚育你自性中的灵性之童。印度教传统中此阶段的典范，则是戈皮斯（Gopis）对顽皮的偷奶油小男孩克里希纳（Krishna）的爱。

有一段有关克里希纳的有趣故事说，有人告诉克里希纳的养母，她的小男孩正在外头吃泥土。她走出去要将他口中的泥土清理干净，而当他张开嘴时，他显露出他内在所有的天堂、地狱、诸神与众魔。她当然被这个场景吓坏了，如果她仍记得这番景象，两人的关系就势必会受到相当程度的破坏，因此克里希纳很善良地将她这段记忆抹去了。人们是如何知道这件事确实发生过的——她是唯一身临其境的人，而她却忘记了，我也不知道。不过，宗教的事就是这样的。

第四阶段的爱是夫妻之间的爱，也就是雌雄同体以及认同另一个人的爱。你已经找到你心中的神，而现在神则是出现在这个最亲密、最持久的关系中。这就是为什么在这些传统中，婚姻被视为是永恒的原因。拥有这类经验的机会一生只有一次。修女戴结婚戒指，因为她们是耶稣的新娘。她们和这无形配偶的关系，就精神层面而言，是很好的。

最后，我们到达了最高层次的爱——第五阶段，也就是全然的、强迫性的、无法控制而脱轨的爱。在这个阶段中，只有爱的存在，而你在与上帝的关系中，完全失去了自我。你是个为爱疯狂的情痴（le fou）。

在宫廷之爱中，
疯狂的是男人，而不是女人。
当男人受到如此的感动时，
他能够成就伟大的功业，
但只局限在狭窄的范围内。

当你遵照你的热情而行时，
社会不再能支持你。
你必须非常谨慎，
你完全得靠你自己。

在婚姻关系中，人们仍然与社会及邻居维持和谐的关系，但在第五阶段的爱中，爱情以外的所有事物都潜退了，剩下的只是专一的执着。处于这个阶段的人会将所有其他的一切都抛诸脑后，对它们漠不关心。我确信你们之中的某些人过有这种体验。如果你不曾有过这种体验，那真是太不幸了。

温柔心

如果责任感不存在，便不是爱情，而是其他的东西。

在印度教徒称量爱的天平中，从第一阶段的主仆关系，第二阶段的朋友关系，第三阶段父母与孩子间的关系，第四阶段配偶间的关系，到第五阶段全然的爱——个人经常会有过度看重这真正对爱的体验的危险。如果你放下这爱的体验，你便会觉得若有所失，但是你必须放下它来。真的，你必须去做的，就是去找出可能的关系是什么。

假如你已经结婚且经历了这狂喜，你的婚姻就将无法维系下去，因为你必须与配偶有另一层关系。放下纯然爱情关系的方式，是自你建立的具体关系中获得某种深刻的愉悦。真正的狂喜和生活不发生关系，但生活中的关系仍然“是”有其价值的。如果你能经营出平凡生活中的价值，那么这个全然的狂喜就可以被放下而不会失去。它不是必然会失去，这就是婚姻生活的诀窍。

婚姻生活中有许多喜悦的经验和全然的狂喜是没有关系的，但这些经验吸收了能量系统，使得当事人可以安于婚姻生活，而不致于认为婚姻只是倾倒垃圾而已。每个人结婚后，都会对日常生活的琐事感到不适应，因为不论男性还是女性，都必须面对家务的问题。不过，你可以从这些必须处理的讨厌琐事中，创造出一些美妙的仪式经验来，于是生活便可以悠然地在这些琐事中进行着。我想，徒然认定因两个人共同生活所产生的琐事会造成婚姻的破裂，乃是一种错误的看法。

婚姻不是恋情，
它是痛苦的经验。
它是宗教的试练，一种圣餐礼，
是参与在另一种生活中的恩典。

另外一种关系的破裂，则发生在婚姻的晚期——夫妇在孩子长大离开家各自独立后反而分裂了，这真令我感到困扰。我身边就有五六对这样的夫妻，我从来没想过这种情况会发生在他们身上。他们在 50 多岁时都好好的，一直生活在一起，然而最后却分开了，过去唯一维系他们的只是孩子。

这乃是被我称为“炼金术婚姻”（alchemical marriage）的失败。他们只有生理上的婚姻，却毫不了解心灵交感以及从此默契和关系中产生的相互学习。对于在婚姻第二阶段可能发生的变化，事先完全没有概念，这实在是件可耻的事。

如果你想用一套计划来规范婚姻，

你将发现它不管用。
成功的婚姻
是共同过着有新意的生活，
心胸开放，而非预先规划。
它像是个自由落体；完全视你如何处理
沿路出现的每一项新事物而定。

就像是海上的一滴油，
你必须漂浮，
运用智慧与慈悲
乘浪前进。

我认为，夫妻俩必须想出需要两人共同参与且有意义的事来做。“温柔心”（gentle heart）的概念可以说就是其中的一部分。如果你认为色欲就是爱情，那么那只是一般的状态——一个会死亡的状态。爱情是不会死亡的。

对温柔心而言，
婚姻必须先是精神上的交感，
然后才是生理上的结合。

要谈论这么个敏感的话题是不容易的，不过就我看来，“温柔心”是了解什么是爱的线索。“温柔心”的概念，涉及对对方的责任感。如果责任感不存在，你所有的便不是爱情，而是其他的东西。如果责任感确实存在，爱情便能持久。色欲无法持久，因为它不具备责任感。如果婚姻随着孩子离家而破裂，那么夫妻俩是对孩子而非彼此有责任感，所以孩子走后，维持彼此间的情感链也随之消失了。

在有孩子前或甚至在婚前，关键性的问题在于认清：“这是不是温柔心？”是不是个人要寻求、可占有的对象？还是对正建立起关系的对象觉得有责任感？如果没有责任感，那么我认为你的婚姻很危险了。

我要说的是，并非责任感构成了爱，但不具备责任感的爱便不是真正的爱，而只是占有而已。你是想去占有某个人呢？还是希望拥有某种关系呢？

说到一个人一生中必做的事，我不会想到要结婚，除非我对婚姻有承诺，因为我认识到自己手中掌握了对方的命运。我无法理解占有另一个人是怎样的感觉。你可以拥有爱情和其中的泪水等一切体验，但那和结婚是大大不同的。

首先，你必须清楚地知道自己在做什么，我认为很多人并不知道自己在做什么，也不清楚自己为对方做了什么。如果你不能成熟地控制自己强迫式的热情，那么在我看来，你似乎不具备结婚的资格。我想我的这种看法可能是来自我的天主教背景。在天主教传统中，婚姻是一项命运的抉择。

除此之外，我的婚姻还出现过一个预兆。我在纽约伍兹塔克的梅弗瑞克路上租下一栋小房子，我和太太到那儿去度蜜月，在接近梅弗瑞克路时，一辆灵车自路旁出来开到我们前面。我从没在那一带看到过灵车，于是我把这个预兆解读成我们俩会携手走到生命的尽头。事实也正是如此。

因此，我所了解的婚姻，乃是真正地把对方视为你的责任、你所爱的人。将自己许诺给他人，将自己的命运转化为两个人的命运，乃是一项终生的承诺。如果你因为某些生命中出现的事物而使你想“要远走高飞，忘记曾经的承诺”，并因此丢弃对对方的责任感，那么，这不是婚姻。除非你把与配偶的关系看成是生命中首要的考量要素，否则我不认为你已经结婚了。这层关系是婚姻首先需要考虑的。

冲动的性爱关系会闯入婚姻中。个人并不能完全控制自己。我并不是说婚姻之外的任何关系都是欲望的。它同样可以是爱。当你断绝来自婚姻以外的爱时，你已在婚姻中断绝了部分的自己。

然而，你会面临如何负责任地同时兼顾婚外情的关系和你原有婚姻关系的问题，不是一件容易做到的事。你必须发展出许多和不同对象建立关系的方式，而不止一种方式。有时，如果关系的本质及其价值具有相互性，那么事情便可以行得通，但我的理解是，不论发生什么情况，婚姻总是要恢复的。它是最主要的，也是排在第一位的事。

如果一段婚姻对双方都有害，那么你必须考虑是否有转变情势的可能。如果你觉得情势可以扭转，那么即使饱尝艰辛，也要创造出这样的情势。你可以努力在对方身上投注必要的能量，以促成这个转化。也就是说，你可以把它当成是一种个人的锻炼来增进互爱、信心与合作的气氛。另一方面，如果生命，甚至对生命的爱受到威胁，而且情势也无法扭转，或是你不认为原先的承诺值得再维持下去，那么你就必须结束这层关系了。

当然，所有的情况都要视个案及个人判断而定。并不存在可以立刻运用的基本法则，因为每种冲突的情势在强度上和性质上都不相同。

婚 姻

婚姻是彼此走上十字架的牺牲。

在我游学德国时，一位德国老教授曾告诉我，选择太太的方法是要先观察未来的丈母娘。如果她是一个好女人，也是你理想中的女性，那么你和她任何一个女儿结婚，她都会塑造你的一生。

在婚姻中，
女人是先发者。
男人则顺势而行。

“妻子是塑造你一生的人”这个概念，我一直谨记在心，它是个不错的想法。女性是生命的能量，是沙克提（sakti）[①]。男性必须要学着随顺那股能量，而不是独断地控制生命。我对这点深信不疑。男性是女性能量的工具。如果男人不能消解自我，婚姻便不存在。夫妻俩可能因为实际或爱欲的因素而住在一起，但婚姻需要消解男性的先发权。

两人没有心理上的指引，
婚姻是行不通的。

必须先有自我的消解，
两人才能合而为一。

结合的过程涉及
两人心灵的
发酵、混合、
消解与腐败。

当我和珍结婚时，感觉那是个被钉上十字架的过程。新郎以走向十字架的心情走向新娘。新娘也以同样的心情付出自己。婚姻是彼此走上十字架的牺牲。

在婚姻中
你不是为对方
牺牲自己。
你是为婚姻关系
牺牲自己。

这是结婚带来的问题。你必须问你自己：“我能开放自己，对他人慈悲吗？”不是开放给色欲，而是慈悲。我的意思不是要你付出无条件的爱。无条件地把自己承

① 意译为生殖力，在印度教中为对女性生殖器幽尼（yoni）的崇拜。——译者注

诺给某人，与无条件地爱纽约市所有居民是大不相同的。我不是高僧或神人，有人期望他对全世界每件事物付出无条件的爱，甚至连上帝也没办法给世人提供无条件的爱——他会把人丢入地狱。我个人认为无条件的爱并不是个理想。我认为你必须有分辨的能力，混蛋就是混蛋，那些应该挨揍的人就该在下巴上吃上一拳。事实上，我有一张这类人的名单。如果谁有个断头台，我很乐意将我的名单提供给他。

当我看着
敌人的脸，
我觉得骄傲。

我认为无条件的爱是圣杯（the Grail）。圣杯介于上帝与魔鬼之间，它与上帝判断事物的方式不同。它超越上帝——这是极为壮阔的景象。婚姻中无条件的爱是特定的，它是有专注对象的。它是针对某个特定的人而非其他人。无条件的爱贯穿所有事物，它是精神生活中的一项突破。不要向外寻找它。唯一能找到它的地方就在你心里。如果是无条件的爱，那么不论外在是什么都不要紧了。

通往圣杯的关键在于慈悲，
和他人一起受苦，感受他人的苦难，
好像是你自己的苦难一样。

发现慈悲力量的人，
就是找到圣杯的人。

问题是："我能开放自己对他人慈悲吗？"对我而言，慈悲的意思正是这个词的本意："共同受苦"。你立即加入他人的苦难中，以致完全忘了自己和自身的安危，并且自发地去做你该做的。

我认为这和圣杯意象的意义有关，因为治愈圣杯之王的正是自发地去问问题的举动，而不是不问问题[①]。人们通常会认为这种自发的举动会使自己像个大傻瓜，而不愿意去做——如果这么做了，我就会像个傻子。那就是在圣杯古堡中失败的例子。

> 不是我自己的苦难，也不是我关心的苦难，却像是我自己的苦难那样立即影响我，而且力量强烈到使我立即行动，这怎么可能？
>
> 叔本华

在《尤利西斯》（*Ulysses*）一书的第3章，乔伊斯描写史蒂芬边走在海滩上，问自己这个本质性的问题："我会忘掉保护自己而愿意冒险游泳出海，去救一个我完全一无所知的人吗？"当你冒险救一个溺水的人时，你永远无法知道他是否会将你拖下水。

> 这真是神秘的事，是理性无法解释的事，是在现实经验中无法找到任何基础的事。然而，它却是最平常的事，每个人都曾体验过。甚至连心肠最硬、最自私自利的人，也不会对此完全一无所知。这一类立即反应的例子，每天都出现在我们眼前：一个人可以不假思索地帮助别人，适时伸出援手，甚至为第一次碰面的人将自己生命置于明显的危难中，心中除了想到此人需要帮助且有生命危险之外，再无任何其他想法。
>
> 叔本华

纽约的报纸曾刊载了一篇文章，报道有关一个小男孩潜入哈德孙河救一只小狗，自己却差点儿淹死的事件。当别人问他为什么跳下水去时，他说："因为那是我的小狗。"还有一个女孩为了救她的弟弟妹妹，两次冒火冲进一栋大火中的房子。当别人问她为何这么做时，她说："因为我爱他们。"

---

① 这里指的是圣杯传奇中帕西法尔所问的问题。关于圣杯传奇的内容请见本书第65页。——译者注

叔本华说，像这样舍己救人的行动，乃是由于当事人本能地体认到“自己和他人其实是一体”的真理。他是基于对“我们共享同一存在基础”这个更高真理的直接体验才行动的。

摘自《生活的神话》

这就是其中的力量。这些人不清楚他们是否有足够的力量。舍己救人的行为不是出于职责，也不会计算得失。它是在一瞬间发生的：是存在于我们内心中的生命力量真实的突破。在那一刻，你意识到自己和他人实际上是一体的。那是个大觉醒。

生存是生命的次要法则，
首要的法则是，我们都是一体的。

神　话

神话连接了我们清醒的意识与宇宙的奥秘。

在婴儿早期的发展阶段中，我们可以观察到某些超越时光变迁的初期“神话”原型状态征兆。这些征兆会在婴儿被迫脱离母亲怀抱时出现，它是婴儿被身体毁灭的幻想攻击时所产生的反应或自然防卫。“婴儿便以使性子来反应，而伴随这一情绪反应的幻想，乃是撕毁来自母亲身体的任何东西……接下来，小孩会害怕因这些冲动而产生的报复，亦即害怕他体内的每一样东西也都会被挖出来。”对身体是否完整的焦虑感、回归母体的幻想、对永生不灭及不受内外“邪恶”力量侵扰的深沉渴望，开始引导孩子发展中的心灵。这些力量会延续至后来在成人日常生活、精神活动、宗教信仰及仪式修行中，成为神经官能反应甚至正常反应的决定要素。

摘自《千面英雄》

神话是整合我们内在力量的线索。

所以，我们面临的关键问题是……人类如何看待神话——那传递信息的符号，带有感情的意象，是释放及引导能量信号的总集合，也是我们和下一代沟通的工具，能丰富且活生生地对他们生活的环境传递指导性的信息；而不是针对人类的过去，或是某些汲汲渴望的未来，更不是针对某些不满、善变的教派或短暂的流行而发。我之所以认为这个问题至关重要，乃是因为它如果没有得到适当的解决，则结果就是我们所知的因教育失败而造成的自我封闭，以神话学的专有名词来描述便是所谓“荒原”（Waste Land）的情境。世界不和他沟通，他也不和世界沟通。当这种情况发生时，便有一种断裂的现象，个人被抛回自己，濒临精神性崩溃的状态，要么会变成小斗室中的精神分裂患者，要么会变成无形疯人院中高喊口号的妄想偏执狂。

摘自《生活的神话》

神话连接了我们清醒的意识与宇宙的奥秘。它提供我们一幅宇宙的地图或图片，使我们能从自己和大自然间的关系的角度来看待自己，在我们提到天空之父及大地之母时便是如此。神话支持并使特定的社会及道德秩序行之有效。上帝在西奈山上赐给摩西十诫，便是此类例子之一。最后，神话还可帮助我们度过、面对从出生到死亡的人生的不同阶段。

因此，在教育年轻的下一代时，如果我们要训练他们不要毫无批判性地全盘接受过去的既定模式，而要认识并培养自己的创造性潜能，或不要只停留在某些早期生物学和社会学证明出来的层次，而要成为未来族类发展方向之表率，我们就将相对面临较复杂的问题。

摘自《生活的神话》

每个人大概都需要一位父亲。父亲扮演了重要的角色。母亲代表大自然，父亲则把社会关系介绍给子女。

你自母亲得到身体。
你自父亲得到
社会角色。

儿子必须扮演和父亲类似的角色，因此父亲是个典范，可以是正面的，也可以是负面的。你也许对你父亲所过的生活感到厌恶，但你面对的就是那样的范本，如果你以负面的方式反应，你的一生就会朝向另一方向发展。如果没有了父亲这个角色，那么你几乎不可能有效地连接自己在家庭中的角色以及外在世界的角色。

对女儿而言，父亲乃是她与男性第一次的亲密关系。若缺少父亲，母亲便必须扮演双重角色，而我认为，孩子在内心深处会为了自己没有父亲而责怪妈妈。那种感觉像是“你夺去了那个必定会指引我及教导我的人”。

金 钱

因为你付出生命的能量，所以生命就回报以相应的金钱。

金钱是隐藏的能量，释放它便是释放生命的可能性。你了解到，在这个经济导向的社会里，生命的可能性真的就视你拥有多少金钱而定。

但另一方面，金钱对我永远不具意义。我在1929年华尔街大崩盘之前的三个星期，结束在欧洲的学生生涯回到美国。身上所有的钱都只是大学时代在学校爵士乐团演出时赚来的几千美元——在当时那是一笔很大的数目。直到这笔钱花完之前，我所有的就只有这么多。5年之内，我没有再赚入一分钱。

我发现，如果没有责任义务，那么你可以不需要钱仍可过得很有意思。事实上，我觉得为金钱而工作的人是傻瓜。我曾发誓不为钱而工作。但是那并不表示说，我为某人做事不会要求对方付钱。我会索取我应得的价码，但这只是整个过程中的次要部分。我的生活方向绝对不是重视金钱的。结果，我却因为做了我心里想做的事而赚得大把钞票。如果你也这样做，那就表示你所做的事会吸引钱，因为你付出生命的能量，所以生命就回报以相应的金钱。

如果你遵照内心真实的喜悦，
你就总是会得到真实的喜悦，
不论是否有钱赚。
如果你追逐金钱，你就可能会失去它，
最后一无所得。

基于我过去的背景，以及我感兴趣的研究领域，我相当鄙视为金钱而活的人。现在我赚了钱，在和金钱打交道的过程中，我必须和那些与钱打交道，且一生都在金钱堆里打滚的人接触，我因此有了有趣且令人惊讶的经验——我竟遇到一些极为优秀的人。

把金钱看成生活的能量，其实是另一种冥思。让金钱流溢出去而不贮藏起来，乃是一种参与他人生活的模式。将自己奉献给金钱的生活方式竟能成长出美丽的事物来，这真令我惊讶。

在现代生活中，金钱是一种迷人的能量来源。有了装满油箱的钱，你就可以前往任何你原来不能去的地方。

你必须运用你自己开发出来的优势。反之，如果你放弃了优势，你在未来 10 年左右将面临负面的效应。我的意思是，当你走过一个个人生的转折点，跳过每个关卡的，必定是同一个你。你不会往下走，你会从你现在的位置出发。然后便会有愈来愈多的果实由此结出来。从你自性中心发展出来的潜能，可以更进一步地运用到下一次的冒险上。

从我经历过的纽约艺术发展史来看，投资的金钱一定会有所结果的。有了金钱必定会有生命之流。在富豪保罗·梅隆（Paul Mellon）所创办的博林金基金会（Bollingen Foundation）任董事时，我和这位有钱人打交道的经历是很令人愉快的。保罗·梅隆和他太太都曾经接受过瑞士籍的心理学大师荣格做的心理分析。当第二次世界大战爆发时，他们被迫离开瑞士。为了感谢荣格为他们所做的一切，他们问荣格要什么礼物。荣格建议他们成立一个解释和研究象征的基金会。后来，他们果真成立了基金会，这是一个将巨额金钱用对了地方的例子。该基金会的博林金系列丛书对于美国文学及科学的影响是极为深远的。没有资金，这一切都不可能发生。

你不只要有能量，还要有赋予其流通管道的能力——有了这个能耐，生命真的会开花结果。如果把金钱花错地方，那么后果可能是很严重的。在国家和城市的经济中，金钱的流向问题是门大学问。一旦你错置金钱流向的管道，你便会把社会从兴盛变为枯竭。

我总认为人可以把外在的社会价值转变为内在的心理价值。这和能量的分配有关。你将如何运用你的金钱？在金钱的花费上，你意识中的哪一项因素将支配你？比如说，我有一本定价为 75 美元的新书即将上市。有些人会认为那很贵，但这些人却愿意到餐厅一餐花上 150 美元和别人用餐。因此，你的钱是要上升到你的心灵中，还是下降到你的肠胃里？就心灵这方面而言，你无法选择其他替代我要给你的这本书；至于肠胃方面，你大可买较便宜，但同样有营养的食物来吃。

走在自己的道路上

> 如果你走在自己的路上，事情便会如你所愿，因为那是你自己的道路。

如果想凭借取得学位来补偿自己的自卑感，我劝你放弃这个情结，因为情结是人为的事物。

当你攻读学位时，你没法做你想做的事。你必须了解并照老师要你做的去做，以便得到学位。如果你拿学位的目的是要取得教书资格，那么最好以最快、最容易的方式取得学位。拿到学位后，你才能扩展学习领域，真正开始受教育。

我在申请到一个可到欧洲深造的全额奖学金后，选择了去巴黎大学。我研究的重点是中世纪的法国文学、法国东南部普罗旺斯地区语言和吟游诗人的抒情诗。抵达欧洲后，我发现了现代艺术的领域：乔伊斯、毕加索、蒙德里安（Mondrian）等一大批艺术家。巴黎在 1927—1928 年间完全是另一番风貌。后来我到了德国，开始研读梵文，并爱上了印度教。我发现荣格也正在德国停留。一时间，所有的事物让我大开眼界——一会儿在这个领域，一会儿又在另一个领域。我那时的问题是："我要再回到原来狭隘的研究领域吗？"我对中世纪凯尔特族骑士传奇的兴趣已经消失了。

我和学校当局商量说："我不要再回去做那方面的研究。"我已经达到学位要求的必修时数，只剩下论文写作而已。学校不批准我改变研究方向的提议，因此我对自己说：去他的！我到树林中读了 5 年的书。我没有拿到博士学位。我学习不为任何事物而活。我自由自在，毫无责任牵挂，那真是棒极了。

你需要勇气
去做自己想要做的事。

其他的人
为你规划好一堆计划。

没有人会鼓励你
去做你想要做的事。

他们要你继续他们的旅程，

但你可以做你自己想做的事。

我就是如此。
我住到树林去，
读了 5 年的书。

那是 1929—1934 年的事，一共 5 年时间。我住进纽约上州伍兹塔克的一个小破烂空房，然后便一头栽下去。那时我做的事只有读书和记笔记。那是经济大恐慌的时代，我身上没有什么钱，但我在纽约熟识一家名为海夫纳（Stechert-Hafne）的书商。当时佛罗班尼斯（Fmbenius）的书很贵，他们把书寄给我，但没有要我立刻付钱。那是恐慌时期人们做事的方式。一直等到我找到工作有了收入，才将钱付给他们。那真是高贵的行为，我真的很感激。

我读了乔伊斯、托马斯·曼和斯宾格勒的作品。斯宾格勒提到尼采，所以我又去读尼采。接着，我发现要先读过叔本华才能懂尼采，因此我又去找叔本华的书来读。后来我又发现，读叔本华之前要先知道康德，所以我又找来康德的作品读。没错，我可以由那儿开始，但这不是个容易的过程。接下来则是歌德。

令人兴奋的事是，乔伊斯作品处理的素材是一样的。他从来没有提到叔本华，但我能够证明叔本华是他建构系统中的重要角色。后来我读了荣格，我看出他的思想结构和斯宾格勒基本上是相同的，所以我便将所有这些材料集合起来……

我不知道这 5 年的日子是怎么过的，但我深信自己可以再多过一阵子那样的生活。有一次我在一个小柜子最上面的抽屉中摆了一张一美元钞票，我知道只要还有那一美元钱在，我便不致于缺乏资源。那感觉真是太棒了。我完全没有牵挂，一点儿都没有。那种生活真令人兴奋——写日记，试着找出自己要的是什么。我现在仍保存着当时的日记。当我再翻开看时，我自己都无法相信。

事实上，我曾经差一点儿想过——对，差一点儿，去想“天啊，我希望有人告诉我必须做什么”这一类的事情。自由意味着抉择，而每一个抉择都是攸关命运的。要在外在世界找到和你内在系统渴求相吻合的事物，是很困难的。我现在的感受是，我有过完美的生活：我需要的东西正巧就在需要的时候出现。我当时需要的生活就是 5 年不工作的日子。那是很重要的。

就像叔本华说的，当你回顾一生时，它看似规划好的剧情；而当你身临其境时，却是一团乱——只是一个接着一个而来的意外；事后你再回顾它时，又是完美的。因此，我的理论是，如果你走在自己的道路上，事情便会如你所愿，因为那是你自己的道路，从未有人划定。正因为没有前例可循，所以发生的每件事都是令人惊讶而适时的。

斯宾格勒与斯坦贝克

> 那儿有一堆很棒的人，成天无所事事，
> 不知道下一步要做什么……

在伍兹塔克待了一段时间后，我决定去找工作。当时我有一部小福特车，因此便决定在经济大萧条的期间，开车横越美国大陆。我一生都不会忘记这趟旅程。一路上我看到许多车子抛锚停在路边，全家人就这么被困在车上，真凄惨。如今，人们很难了解那时的情况。

我开车由纽约出发前往西岸，先往南开到弗吉尼亚州，在一座美丽的、天然形成的桥上驻足停留了一阵子。我在那里徘徊了两个小时，心里想着当年华盛顿总统以测量技师身份来到这里的情形，还有一些相关的事。不知怎么的，我觉得若有所悟，似乎学到了一些事，所以我就把它视为一次很重要的经历而记在日记中。

到达西岸后，那儿也没有工作，但已不能由加州继续向西方开去。1925 年，我在由夏威夷回到美国本土的一条船上，认识了一个当时住在圣荷西的女孩子。我们一直有联络，并不定期地寄给对方一张小明信片什么的。我当时打算往南开车去北加州的小镇卡梅尔，因而想到："何不拐到艾代尔和她打个招呼呢？"于是，我造访了她。"你要到卡梅尔去吗？我也一起去，我姐姐卡洛住在那儿。她和一位想成为作家的小伙子结了婚。我介绍你们认识。"

她姐姐结婚的对象就是约翰·斯坦贝克（John Steinbeck），我就这么认识了他。我发现那儿有一堆很棒的人，成天无所事事，不知道下一步要做什么。这一堆人里有约翰·斯坦贝克夫妇，理查·拉夫卓伊（Rich Lovejoy）夫妇，理查的太太塔尔（"Tal"，Natalya）是帮斯坦贝克打字的，还有爱德·李克兹（Ed Rickets），他是斯坦贝克小说中"医生"（Doc）这个角色。而理查和塔尔则是小说《罐头工厂》（*Cannery Row*）中的一对夫妇。附带一提的是，当天为我举行的欢迎派对，后来也由斯坦贝克写入《罐头工厂》中，他还加入了一些其他的角色。

当时除了爱德之外，其他人没有谁有工作或供糊口的生计。那时大家都"没有任何社会关系"，只能四处想办法。斯坦贝克当时不断地写小说。他当时刚完成一本名为《天堂的牧场》（*Pastures of Heaven*）的书，正开始写《致不可知的上帝》（*To A God Unknown*）。我一到那儿，他便对我说："来，我念第一章给你听。"当年我28岁，他大约三十四五岁。他帮我找到一个暂时栖身的地方，是在第四街上的一栋叫康纳芮茅屋的小房子，隔壁便是爱德的房子。

当你迷失时，你真的会顿失方向。那时我没有人生哲学。自哥伦比亚大学毕业后，我就一无所有——可笑的是，我们还读过杜威的实证主义。在卡蜜儿的图书馆里，我无意中自书架上取下两册书，是斯宾格勒的《西方的没落》。天啊！那本书对我来说真是个晴天霹雳。斯宾格勒说："年轻人，如果你想在这世上扬名立万，就要把画笔和写诗的笔放回架子上，拾起机械扳手或法律书籍。"我告诉斯坦贝克："你必须读这本书。"我读完第一册后，就把它拿给斯坦贝克。没过多久，他回来告诉我："天啊，我不能读这本书，它真是艺术的杰作！"他被震撼得足足有两个礼拜无法写作。

有一天，在他自斯宾格勒书的内容中清醒过来后，他一边来回踱步，一边用手摩擦身体两侧说：“我觉得很有创造力。”斯坦贝克总是在来回踱步时摩擦自己的身体两侧，他很喜欢这么做。后来又有一天，他来我这里说道：“我已卖出《天堂的牧场》，而且出版商同时要买我接下来的两本书。”我现在知道如果出版商在买下你第一本书的版权后，一定也会要买你的下两本书，因为他们不必再为你做广告促销，更不会让别人坐享其成。那真是个美好的日子，我们因此开了个派对庆祝。

读斯宾格勒的书对我而言是很重要的经历。看完书之后，我对爱德说：“怎么样，爱德，你知道我一生都在否定生命，我想我最好开始肯定生命。”他说：“好啊，肯定生命的方式便是喝个烂醉如泥。我们来个疯狂派对吧！”那时，不但是经济大萧条，还有禁酒令。他说：“我去拿实验室的酒精，再加点儿其他东西。”

上帝，那真是疯狂的一夜！他把果汁和酒精混在一个大碗中，然后把它倒入一个更大的碗内，旁边放一些干冰以保持冷度。派对大约是下午 4 点开始的，到了第二天凌晨 3 点钟，一辆警车停在门口，两位警员走进来。他们说：“这里在搞什么？”斯坦贝克认识他们，因此他回答说：“我们正在开派对。来，喝一杯。”在那之前的一小时左右，我们便不再喝酒了，并在大碗里装了盐水，所以成了混合酒精、果汁及盐水的乱七八糟东西。那两位警察喝下那不知是什么名堂的饮料后，就瞪着我们，好像是说：“你们这些家伙喝的是什么鬼东西？”这就是故事的全部。

响尾蛇与白老鼠

斯坦贝克还为此写了一篇故事……

爱德是当时唯一有工作的人。他有一个实验室，替学校搜集海参、小水母之类的东西。他培育一群海星的卵，然后在它们不同的成长阶段加以切割，以便在生物课上示范海星的整个成长过程。退潮时，在那些容易捕捉海星的地方，如圣塔克鲁兹，我们都会下海去搜集这些生物给爱德。

他对动物很有一套。他实验室笼子中有两条响尾蛇。有一天，他邀请我们所有人去参观他喂蛇吃白老鼠的情形。那真是壮观的景象。斯坦贝克还为此写了一篇故事。这只蛇已经睡了好几周——蛇没事做时便睡大觉。爱德把白老鼠放入蛇笼中，我们都聚在一旁观看。不知怎么的，大家都自动站在老鼠这边加油。这只小老鼠四处嗅了嗅，在蛇身上上下爬动一番，最后它知道这不是好地方，于是便窜到笼子角落安坐下来。响尾蛇注视着老鼠，向前移动，然后“哐”的一声攻击它。老鼠鼻子上顿时出现两个小红点，它向上转了转，又摆荡回来。小老鼠就这样死了，蛇还活着。这时，我们又站到想吃老鼠的响尾蛇那边，因为老鼠比蛇身的直径还大。

爱德说：“现在注意看蛇，它会打开下颚。”果然，它打开了下颚，开始吞食老鼠。这时你可以看到蛇的嘴形发生变化，因为其唾液有消化的功能。我可以告诉你，你会觉得那东西好像就在你的喉咙里。最奇特的景象出现在响尾蛇倦怠时——小老鼠的两条腿和尾巴还露在它的嘴外，不过后来，都进了蛇的腹中了。

安住在有归属感的位置

接受自然的结果，停在你喜欢的地方。

那几年的生活点滴在我的记忆中印象特别深刻。歌德有两本很棒的书，《威廉·迈斯特的学生时代》（*Wilhelm Meister's Student Years*）以及《威廉·迈斯特的漫游时代》（*Wilhelm Meister's Wander Years*），描写一个人在流浪时的经历和碰到的人物。

真的，你确实是以那种方式体验生命。没有什么是例行不变的，也没有什么是理所当然的。每件事物都有自己的特色，因为每件事物都有可能发生。任何事物都是线索，任何事物都和你交流共鸣。这真的是很奇妙。就好像你有一只灵敏异常的鼻子，可以将你带到应去的地方。当你以这种方式旅行时，你就会进入那些人生的美妙时光——举例来说，我伸手在卡梅尔图书馆找到一本改变命运的书。事实的确如此！那次的流浪之旅是我辨识事物的一个机会，并让我因此能感觉到一个归属之处。

那些找到固定工作，终其一生过着单调日子的人是多么可怜的家伙……有一位朋友给我一张清单，上面列着一些让你知道自己已经老了的事。有些很可笑，有些则很严肃。其中一项是："……当你咬住一块多汁的牛排时，你的牙齿便陷在那里。"另外一项是："……当你背部失去作用的次数比你外出的次数频繁时。"还有一项是："……当你看到一位漂亮小姐，车库的门却因为你心律调整器的扰动而打开时。"最严重的一项是："……在你爬上梯子的顶端后，才发现它靠错了墙。"很多人都是这样的。这真可怕。接下来，老天，又要爬下梯子并再从头开始爬……忘了梯子吧！只要四处云游、体验就好。

当年我云游的日子达8个月之久。我在学习西班牙文、法文和德文之后，想再学一门第四外语，便选了俄文。我读的《战争与和平》是俄文原著。现在我根本认不到两个俄文字，但那时却因此有机会深入洛杉矶的俄国移民社区，那里大部分的居民都是俄国革命后才来到美国的。那真是美妙的经历。不久后，我又上了那辆破车，继续开往其他地方。

在加州停留一年后，我回到纽约，在一间男子预科学校找到一份工作。我的年薪是900美元，工作内容是为一群男孩子补习德文与法文、古代历史及英文。不仅如此，我还是他们的保姆——晚上照料他们上床，早上叫他们起床，教他们守秩序，并带他们到运动场上活动筋骨。那完全是另一种生活，令我无法忍受。我任职的学校环境优美，而且这又是份很好的工作，但我知道自己脱离了原有的轨道。于是，我立刻又回到经济大恐慌时的生活方式。

哦，那些都是伟大的经验。我只是四处晃荡，从中找出自己想做的事和不想做的事。我只想做自己内心认为有意义的事。我无法想象有人能够不这样过日子。在没事做的时候，没有比念书更好的事了。

当你无所事事地四处晃荡时，你所想的只是当天又要做什么，而不是未来你所要做的事。当你没有任何责任和牵挂时，有两件事情你绝对不必担心：一件是饿肚子，另一件则是别人会怎么看你。流浪的时光是有积极意义的。你不用去想新的事物，不用去想成就，也不用去想任何这一类的事，只需想着："我哪里感觉不错？是什么带给我喜悦？"

我是说真的。那是非常基本的。把那些有压力的概念抛开，然后你就会像轮盘上的球一样，知道自己将停驻在哪里。轮盘上的球不会说："嗯，人们认为我停在这儿比停在那儿好。"接受自然的结果，停在你喜欢的地方。真正要紧的是，安住在你认为有归属感的位置上。别人怎么想是他们的问题。

"他们会怎么看我？"
——必须把这个问题丢一边，你才能追求自己的喜悦。

我的父母从不会强迫我做这做那，这点是我的运气。在受邀到莎拉·劳伦斯学院教书前，我已认定自己不需要工作，也不想要工作。工作会阻碍我读书。然而在知道全校学生尽是妙龄少女后，我想："好吧，这样也无妨。"当确定得到那个工作机会时，我已经30岁了，父亲对我说："乔，我不认为你会成为一个有学问的无业游民。"不过，在我找到工作之前，他从来未置一词。他是个好父亲。当《千面英雄》出版时，他说："我认为这会是一本很棒的书。"说这话时，他还没读过那本书呢，但他对自己的儿子颇有信心。

我深知无所事事的生活方式对学科学的人而言，是很难接受的。科学有提供未来前景的倾向，而在流浪时，你所体验到的是一种神秘的有机过程。就像一棵树的成长，它并不知道自己下一步要往哪儿生长。树枝可能会从这儿长出来，也可能会从那儿长出来，或是另一个方向。如果能允许它自由成长而不由外施加压力，那么在事后回顾时，你会了解这乃是一个有机发展的过程。只要记得，帕西法尔之所以没有完成他的任务，正是因为他遵照别人的期望去做的缘故。

避免堕入荒原

> 你能从所做的事中体会到一种生命的感觉，如果没有这种感觉，你就是根据别人认定的应然概念而生活。

圣杯英雄——特别是指“大傻瓜”帕西法尔，便是坦率、单纯、不同流合污而高尚的大自然之子，他毫不狡猾且内心强烈渴望净化。德国诗人沃夫兰·冯·艾森巴赫（Wolfram von Eschenbach）如此描述圣杯英雄在树林中的幼年时代：“他不知道悲伤，听到的只是他头上鸟儿的歌声，甜美的鸟鸣穿透他的心灵，使他小小的胸怀敞开来：他的天性及渴求在驱迫他。”帕西法尔那寡居、高贵的母亲在他们树林隐居的日子中，和他谈到上帝与撒旦的不同，“并以黑暗与光明区别他们”。然而，他自己的行为中却混合了光明与黑暗。他既非天使亦非圣人，而是一个活生生追求行动的人，天生具有勇气与慈悲的美德，忠贞不二。由于他对这些美德坚定不移的信念，而不是凭借超自然的恩典，他终于赢得了圣杯。

摘自艾森巴赫《帕西法尔》及坎贝尔《西方神话》（*Occidental Mythology*）

帕西法尔曾两次造访圣杯古堡。他第一次造访时失败了。圣杯之王当时受了伤，他因在战场上遭去势而雄风不再。帕西法尔很自然地想问他“哪里不对”，但他因为听说一个骑士不应该随便问问题，因此为了维持自己高贵骑士的形象，他压抑了自己慈悲的自然本能，帕西法尔找寻圣杯的任务也因此失败了。

……最后，正如帕西法尔的情况一样，他唯一的内在指引便是他高贵的心，而那由和宇宙全体过程同质的爱摩儿，亦即他本性中最深刻的种子觉醒的外在指引，美的意象和神性的光辉等，“就这样显现了”。而在这趟生命创造的冒险旅程中，成功的要件在于……有勇气放下过去，归依真理、目标、具“意义”的信条和天赋潜能。也就是，在世界中死去，然后从内在新生。

摘自坎贝尔《创造性神话》

12 世纪，
追寻内在真实喜悦的世纪。

圣杯象征的是人类生活中最高的精神实践。每个生命都有其某种高超的实践，每个生命也都各自有其得自圣杯的天赋。“慈悲”这个主题乃是如何达到此目标以及此目标所在的部分线索。它和克服佛陀曾克服的诱惑有关，亦即那些使你脱离正轨、对生活细节的执着。

是什么使你脱离精神的实践呢？当我的生命失去重心时，我会知道。此时，我会极度热衷于某些和我生命真正的重心毫无关联的事件。当我又回到轨道上时，我也会知道——那时，每件事物都和我内在最佳的本性处于一种和谐的关系中。

在圣杯传奇中，那些以“应该”的态度思考行动的人，居住的地方便叫“荒原”。你的荒原是什么？我很清楚地知道我的荒原是什么——就是用学院派的方法研究我的题材，或是与一位对我个人或我的工作毫无概念或感觉的人结婚。同这种人生活在一起，必定是荒原。

我发现，为金钱而工作也是荒原——也就是做别人要你做的事，而不是为自己下一步的发展而努力。长久以来，我一直对任何违背我内在直觉的行动感到反感，并依此而行。

拥有高贵心灵的人，
其行动是自然的，
并会避免堕入荒原，
那个“你应该”的世界[1]**。**

我不会服膺那些我不再相信的事物，不论那是我的家、故土还是教堂……我不在乎犯下错误，甚至重大的错误、终身的错误，或是永恒的错误。

迪达勒斯（Stephen Dedalus）[2]

生活的关键在于，你能从所做的事中体会到一种生命的感觉，如果没有这种感觉，你就是根据别人认定的应然概念而生活。

与做你应该做的事相反的，便是慈悲。发现圣杯的人所象征的是达到这一境界的人，他的生命充满了慈悲。能够发现慈悲就是生命动力的人，便是发现圣杯的人，也就是自然地体认到我与你是一体的。这就是圣杯的中心。

要达成荣格所说的“个体化”（individuated），也就是活得像个解脱的人，你必须知道如何以及何时，戴上或脱下许多生活的面具……个体化的目标要求一个人发掘自己的生活重心，然后学习如何依此而活，掌握自己的好恶。而这是无法靠扮演固定角色，或对此虚伪外表回应所能达到的。

摘自《生活的神话》

帕西法尔到达了圣杯古堡，而加拉哈德（Galahad）得到了圣杯。这是两个完全

① 即道德世界。——译者注
② 乔伊斯早期作品《一个青年艺术家的画像》中的主人公。——编者注

不同的人。帕西法尔是个有成就的世俗人，而加拉哈德爵士则是位出世的、圣洁的骑士，并将自己与世俗生活完全隔绝。

在加拉哈德爵士的故事中，诸位圆桌武士同意出发去寻找圣杯，但却认为大家一起行动是不光彩的，因此分别“由不同入口进入森林中，在这些他们认为树林最繁茂的地方，每个人都找不到正确的路径”。凡是有路径的地方，都是别人的道路。每位武士皆由自己认为最神秘不可捉摸的入口进入森林，并遵照自己的直觉而行。每个人找出来的，都是过去从未出现在这个世界上的事物，也就是实现自己和别人完全不同的独特潜能。你在人生道路上得到的都是这些引导你的小线索。

在这美妙的故事中，当武士看到别人走过的小径时，如果认为别人已经到达了目的地，从而开始遵循该道路而行，他就会完全走偏了。

归根结底，每个生命都是整体或自我的实现，正因为这个缘故，这个实现可以被称为“个体化”。所有的生命都与实现它的个人紧密相连。没有了个人，生命就根本无法想象。然而，每个个体各有其命运与目的，只要能实现这一点，生命便有了意义。

荣格

艺术的生活方式

真实而具创造性的生存方式，是要去逆转这个权威式的秩序。

不论是西方或东方，在所有的传统社会中，由社会授予的神话形态都在仪式中呈现出来，而个人则以承诺及信仰的体验予以回应。如果个人没有反应怎么办？万一整个社会承继的神话、神学及哲学的传统，都无法唤醒这一类个人内在真诚的反应呢？个人将如何在社会中行动？常见的方式是伪装，觉得自己是无能的，或假装相信、试图相信，甚至模仿他人的方式，过着一种不真实的生活。反之，这种真实且具创造性的方式，我称之为“艺术”的生活方式，是与宗教的生活方式不同的，它是要去逆转这个权威式的秩序。

摘自坎贝尔主编的《神话、梦境及宗教》之《创造性文学与艺术中的神话主题》（*Mythological Themes in Creative Literature and Art*）

正如乔伊斯和托马斯·曼的小说所显示的，进步的关键在于内在心灵的强调……乔伊斯作品中的英雄人物说：“当一个人诞生在这个世上时，就有各式各样的网朝向其灵魂，以阻止它自由翱翔，国籍、语言、宗教皆是。我要试着避开这些网。”

…………

“朝向灵魂，并阻止其自由翱翔”的网，对一个已发现自己生命重心的人而言，反而会成为他为更进一步历险所自由拣选的外衣。

摘自《一个青年艺术家的画像》

对拥有圣杯经验这种满足感的人而言，什么样的行动及生活经验才是适当的呢？你要做什么事是不受规范拘束的？佛陀怔悟后又回到俗世，说法50年。要回答这个问题，你必须要能预测自己所要过的生活的种种情境。

一旦你拥有那样的体验，你必须在下一刻以及接下来的每一刻，继续体验到它。这个体验获得的过程乃是将生活体验转化为外在信仰的万灵丹。例如，在回答“上帝为何造你”时，“和他永远快乐地在一起”这样的答案，便是类似的例子。对于这个问题，我学到的标准答案是：“上帝创造我来认识他，爱他，在俗世中服侍他，并和他在天堂永远快乐地在一起。”把它改换成隐喻性的说法便是，天堂是你内在永恒生命的象征。它永远是你自己的一个基本面向。那是一种忘我的狂喜感觉。同时，有限的生命也要求去“认识，爱护，并服侍……上帝”，生命能量的动力就会存在于你及其他所有事物中。

我的经验是，当我和所爱的人生活在一起，做自己爱做的事时，我就觉得自己是在圣杯城堡中。我有一种满足的感觉。不过要命的是，感到失去古堡却很容易，它一下子就不见了。失去圣杯体验的方式之一便是去参加鸡尾酒会。那就是我为何从不去那儿的原因。

我的想法是，人必须不断努力，以达到那样的境界。这要花上一段时间。就算是达到了那种境界，也很容易又会被抛出去，因为这个世界有它要你做的事，而你已决定不再去做这个世界要你做的事。要紧的是，找出一片可以使你得到内在满足感的活动空间，这样你才不致于被抛出来。

>……就算在今日，也并不是所有的人都需要别人外加一套生活价值，或是需要神职人员和大众媒体对他们叫嚷的懒鬼。因为在被认可的社会中心及其理解控制的范围之外，仍有许多深刻的精神探求与发现正在这个世界某个宁静的角落进行着——或在四处散见的小团体中，但更常见、更典型（任何人只要环顾四周便可以发现）的例子，乃是由单一或三两成群的人所为。他们从自己选择的地点进入森林，进入他们认为最黑暗的角落，那儿的道路，从来没有人走过。
>
>摘自坎贝尔《野鹅的飞行》（*The Flight of the Wild Gander*）

心灵的召唤

> 如果你拒绝心灵的召唤，那么你只是别人的奴仆。

英雄的冒险之旅总是从心灵的召唤开始。无论是以何种形式出现，精神导师都一定会对他说道：“嘿，你现在在昏睡中，醒醒，开始你的旅程吧！你尚未触及意识和存在中的一整片空间。你对现状觉得泰然自若吗？只待在这里是不够的。”于是，旅程便由此开始。

历险的先锋或宣告者往往被尘世认定为黑暗、可厌或恐怖的邪魔。但如果一个人能坚持走下去，那么道路会穿透白日之墙，进入有着闪闪发光的宝石的黑暗。

摘自《千面英雄》

这个心灵的召唤是要你离开特定的社会情境，以进入自己的孤寂中，找到在那世俗忙碌中不可能找到的内在珍宝，也就是你的生命中心。你被抛离了中心。当你有这种感觉时，就是你开始冒险之旅的时候了。这就是当英雄若有所失而要去找到它时的冒险开端。你要跨越的是迈向新生的门槛。这是个危险的旅程，因为你将跨出自己及同伴们熟知的领域。

第一步是脱离或退出，它是一种把强调重点由外在世界转向内在世界、由宏观宇宙转向微观宇宙的根本变革，也就是自荒原的悲戚绝望退入内在永恒领域的宁静。但是我们根据心理分析可知，这个领域正是婴儿期的无意识。它是我们在睡梦中进入的领域，它永远在我们的内在生命中，幼儿期的所有童话中的怪物和救助者都在此，所有孩童时期的神奇的魔法也都在此。更重要的是，所有一直无法让成人领会的生命潜能，其他部分的自我，也都在此。因为，如此宝贵的种子是永远不死的。

摘自《千面英雄》

以某种理由不愿冒险，或因为安全理由感到恐惧而留在世俗社会中的人，其结果与遵循心灵召唤而冒险者的遭遇截然不同。如果你拒绝心灵的召唤，那么你只是别人的奴仆。当你拒绝心灵的召唤时，便会有一种干涸、生命失落之感。你全身上下都清楚，你拒绝了一次必要的冒险之旅，因此便产生了焦虑。你拒绝以积极的方式去体验的事物，便会让你以消极的方式体验到。

然而，如果你遵循的是自己真正的历险，如果那是与你深度的精神需求和准备相契合的事物，那么神奇的指引便会出现并帮助你。如果你说“今年大家都往这条路走，我也要去”，那么就不会有指引出现。你的历险，必须是发自内心的才行。如果你准备好面对它，那么原本没有门户之处及不为别人开门之处，都会有门为你而开。你必须鼓起勇气才行。这是冒险的召唤，换言之，它是没有安全保障的，也没有规则可供依循。

跨过门槛，你便进入黑色森林，跳入大海之中，开始你的夜海航行之旅。旅程中，你将通过峥嵘的石块，狭窄的水门等，它们都代表着“是与否”二元对立的处境。旅程中的某一刻，世界的墙壁似乎为你洞开，你将因此清楚地看到出路。快跳！跳进去！大门通常很快就会关起来，它会截断你坐骑的尾巴；你也可能会被肢解，失去所有的一切。这就是基督离开圣母、世界，迎向天父、圣灵的情境，也就是被鲸鱼吞噬的约拿①，而鲸鱼的口颚正是象征着二元的对立。

这在心理学上代表的是，从意识、理性意念的领域进入身体能量领域的旅程。身体的能量来自另一个中心——一个你试图接触的中心。

在你逐渐接近这个中心的过程中，会有更多的助力出现，同时也伴随着更困难的试练。你必须放弃更多你执着的事物，最终要做到全然地放下，一种完全的退让。这和你的生活经验以及你在学校学到的事物完全相反。从心理学的角度来看，这是转入无意识。换言之，是进入一个你一无所知的行动领域。任何事都可能会发生，它可能对你有利，也可能不利。

---

① Jonah，是《圣经》里的一个人物。他是一个虔诚的基督徒，渴望得到神的差遣。神给了他一个光荣的任务，去宣布赫免一座要被罪行毁灭的城——尼尼微城。约拿却抗拒这个任务，他逃跑了。神到处找他，惩戒他，甚至让鲸鱼吞了他。最后他几经反复和犹疑，终于悔改。——译者注

你越深入、越接近最后的觉悟，抵抗的力量就越强。你现在下潜的乃是平日受到压抑的区域，而这个压抑的系统也正是你必须克服的。当然，这里也正是你最需要神奇助力的地方。英雄在此也许会第一次发现到，各处都有支持他走完这趟超人之旅的仁慈力量。

你在最终将发现自己原先欠缺的事物,并使它们成为你生命的一部分。这种经历，可以通过 4 种不同的方式表现出来。

第一种表现方式是“神圣的婚姻”(Sacred Marriage) , 即你与带给你精神生活新生的爱人相逢，与你的另一半相逢，不论你是以何种关系和他连接：男 – 女的关系，我 – 你的关系，还是彼 – 此的关系。

第二种表现方式则是“向父亲赎罪”(Atonement with the Father)。孩子一直和父亲分离，也就是说，你的生活一直无法与他真正地传承契合。孩子是受限于时间的面向，而父亲则是同一存在的永恒面。父亲代表的是你身上不再具备的自然状态。你试图找出你从父亲那儿继承来的个性。赎罪就是要把你个人与现在的状态，以及产生你的生命动力调整一致。

第三种表现方式是“神化”(Apotheosis)，即对“我即其他所有存在物”的领会。英雄知道自己就是神，就是佛，就是那个知道真实的人。“天父的国广布世上，只是人类看不到它。”这是随着神化而来的启发。不过在基督教传统中，这种领会是不被允许的，只有诺斯替教派的基督教除外。你不能说：“基督就在我心中。”

最后一种表现方式为“万灵丹的窃贼”(Elixir Theft)。这是一种完全不同的领会。不愿以正当的力量缓慢渐进地经历各种奥秘，反而以剧烈的压力强行通过或攫取——偷火的普罗米修斯及 20 世纪 60 年代 LSD 迷幻药的服用皆是如此，于是你便从一路上无法平息克服的力量中逃避开来。这是精神转化之旅，拥有这种精神力量的英雄会尽快地把他体会到的经验带回到这个世界来。否则，当事人便会因此遭遇精神分裂性的崩溃而永远回不来了。

神和人这两个世界，只能被描绘成彼此截然不同的世界——就像生命与死亡，白天与黑夜一样。英雄冒险离开我们熟知的领域，进入黑暗之中。他不是在那儿完成了历程，就是身陷囹圄或危险，和我们失去了联系。他归返世界被描述成从遥远的彼岸回来。尽管如此——这里是了解神话和象征的关键，这两个领域其实是同一的。神明的领域是我们所知的世界被遗忘的层面。

摘自《千面英雄》

一个让我感到有趣的回归意象，是一位年轻人从威斯康星州到纽约研习艺术的故事。他到曼哈顿的下层社会——格林威治村住下来。他有许多美女帮助，并跟一位大师学习画作。最后，他形成了自己的艺术风格，并带着他的画作到五十七街[①]去，得到的却是艺术经纪商的冷眼。

最大的问题是
把生命带回荒原，
在那里，人们过的是不真实的生活。

将你的体验带回并融入理性的生活中是很困难的，这甚至比进入下层社会还困难。你带回来的必须是这个世界欠缺的——这就是你去寻找的动机。由于欠缺它，世界并不知道自己需要它，因此在你带着好东西回到这个世界后，却没有人迎接你，你会怎么办呢？你有三种可能的反应。

其中一种反应是说：“去他的，我再回到树林去。”你为自己买条狗、买管烟斗，然后就任由门口的杂草丛生不管事了。你带着礼物回到这个世界，人们却冷眼相待，称你为“怪胎”，于是你又退却了。这乃是对回归世界的否定。

① 位于第五大道和麦迪逊大道之间，是世界一流品牌的集合地，也是充满了珠光宝气的华丽大道。——编者注

第二种方式是问："他们要的是什么？" 你有你的条件，可以用商业的方式提供他们需要的东西。然后，你在失去自己的卖点和所有的一切以前，为它们大做广告。你有了公众的事业，却放弃了心灵的宝藏。

第三种可能是试图在你原先进入的领域中，找出某些你必须传授且可以让人接受的部分来。也就是说，你试图把你发现的人生之宝，以这个世界能接受的语言和程度传达出去。找出某种方法，这需要很大的慈悲和耐心。你要寻找缝隙趁机传达信息，并只提供给那些准备好接受你心灵宝藏的人。

如果其他所有方法都失败了，那么你可以找一个教书的工作，将你的信息传递给随你研读的人。如果你能和现实的社会取得一点儿关联，那么你现在就可以发现自己确实能传达出所要传达的信息。从事教职的艺术家便是这个类型的代表：他们虽然从事艺术创造工作，却靠某些次要的工作来谋生。他们有相当的收入，并逐渐建立起了自己下一步的事业。

除非你真的要再回到这个世界来，否则就不算完成冒险。有时要进入林中，有时要回到现实世界，你知道什么时候该做什么。你有足够的勇气吗？曾经在森林中隐居过，是需要很大的勇气才能再回到现实世界的。

以上便是这一领会的不同表现方式，而最后则要以永恒平静的心情去认识、爱护和奉献生命。平静之情必须运用于所有的生命情境中才行。即使你积极地活跃于外在的世界，心中也有一部分仍是完全沉稳安详的。一旦失去这平静之情，你便会陷入极大的痛苦之中。

当这世界
看似四分五裂时，
原则上是要坚持自己内心真实的喜悦。
只有这样，精神生命才能够存活。

自由地在不同的世界间来回穿梭……是大师才有的天赋。"宇宙的舞者"尼采宣称，并不是沉重地驻足在一个地方，而是快乐、轻盈地从一个位置跳转到另一个位置。

摘自《千面英雄》

人生的阶段性

> 10岁，动物；20岁，神经病；30岁，失败者；40岁，骗子；50岁，罪犯。

我曾听过一则关于人生成长5个阶段的日本格言："10岁时是个动物；20岁时是个神经病；30岁时是个失败者；40岁时是个骗子；50岁时是个罪犯。"而到了60岁，因为那时个人已经历了上述这些过程，他们开始向朋友提供建议；到了70岁，由于了解到所说的每件事情都被误解了，人会因保持沉默而被认为是个圣贤。"到了80岁"，孔夫子说，"我知道自己生命的基底，并屹立不摇。"①

摘自《生活的神话》

荣格曾谈到一生的曲线可以分成两个部分：第一部分是建立人际关系的时候；第二部分是找出内在生命意义的时候。就像印度人所说的"遵循道"（following the marga），也就是你到目前为止所拥有的人生经验的轨迹、脚步——以通往你的内在生命。然后，就是完全地脱离俗世。没有焦虑，毫无惧怕地通过人生的最后阶段。

你唱着歌迎向死亡。

① 孔子仅说"吾七十从心所欲而不逾矩"。此句可能是原作者杜撰或误记。——译者注

身为医生，我深信那是健康的……也就是在死亡中发掘自己可以努力的目标；而从死亡退缩回来，乃是不健康且不正常的事，它剥夺了生命第二部分的目的。

荣格

知道自己心灵发展的程度，即在这条道路上的位置，是一件很重要的事。成人礼的功能在于，把人的整个心理的最高能量激发出来，以满足生命中特定阶段的要求。重大的成人礼便发生在你必须抛掉儿童期的心理状态时：此时，依赖、服从的婴儿期的自我死了，一位参与社会的独立成人则诞生了。

人生的第一个阶段是学生的阶段，这个时期的主要精神是服从——依据但丁的说法，这时的你"外表合宜，举止甜美"。这表明，你在大体上得服从社会要求的模式。这个阶段也就是尼采所说的"骆驼阶段"，因为骆驼会跪下来，要求将重担负载在它身上。

第二个阶段是家庭生活的阶段，也就是说，你已进入承担责任的成年生活。在印度的体系中，个人的责任是以"法"（dharma），就是社会秩序之法则来规范的。在我们的社会中，你自愿地选择你的责任，而正是通过承担这些不论实质为何的责任，你才能在世上成就你的地位、头衔和声誉。要做出这样的选择，就会牵涉自我功能，即独立评估功能的发展问题。而且，你承担的任务及拥有的地位，都和你自己的价值决断有关。这个阶段是龙的时期，它身上的每片鳞片都刻着"你应该"。

中年是典型的觉醒阶段，而不是成就阶段，而且应该是满足的阶段。在尼采定义的人生阶段中，骆驼在满载重物后，直起身体走入沙漠中，变成了一头狮子。狮子的工作是杀掉那只名叫"你应该"的龙。当它被代表"自我发现"的狮子杀掉后，所有原先被阻滞在恐龙内的能量现在都是你的了。如果中年阶段的人仍希望由善行得到好处，或是因恶行而受到惩罚，那么其人生发展便落后了。他的婴儿期的自我到了中年还在起作用，而这是不恰当的。

当你进入荣格的第二阶段，也就是生命的第二部分时，你的人生目标在于领会位于心之明点（chakra）[①]的涵义，以便使它成为塑造、建构你生命的能量，而不再关心成就，也不再在乎名声。

舍 弃

"舍弃"的字面意义是死亡与复活。

任何人在转换阶段，几乎都有蜕去一层老皮的经历。假设你已蜕去了蛇皮，但又想留下一点儿吊在尾端，这是个重大的问题。它是一种和过去经验有关的焦虑感。你自己必须有足够的理解才能将它斩断。你必须知道吊在那儿的是什么——那是一张逐渐被剥去的老皮，就像是慢慢撕下一块绷带，以避免将皮肤上的汗毛也拔下去一般。

印度圣哲罗摩克里希纳（Sri Ramakrishna），在提到这个舍弃（renunciation）的基础阶段——也就是印度社会"进入森林"隐修的阶段时，阐释了三种不同的舍弃。

第一种是渐进式的舍弃（gradual renunciation）。你知道时候到了，向导师、牧师或其他人请教，把事情想清楚，并为你要去的地方预作安排。如果你是男人，你就要把责任转交给儿子。他是未来承担家庭责任的人，而你则从中解脱出来了。于是，你什么都不是，不再具备原来的身份地位了。这是一种真正的责任解除。

第二种是突然的舍弃（sudden renunciation）。罗摩克里希纳提到的例子是，某人清早和妻子大吵之后，到溪里去洗澡的故事。这男人对他的妻子说："你闭嘴，否则

---

① 又称"轮穴"、"轮环"，起源于印度古老的瑜伽体系。这一词来自梵文，指的是位于脊柱的中枢神经系统所发散的能量层，它是接受、同化和转化生命能量的中心。——编者注

我到森林里去了，做一个瑜伽行者，你就永远也见不到我了。”她说：“哼，你绝不可能这么做的。”他接着说：“我不会？你看着好了。”于是，他肩上搭了条毛巾就走入森林中了。这是突然的舍弃。

第三种被罗摩克里希纳称为“儿戏般的舍弃”（monkey renunciation）。当某人远离家乡到森林中发现一处美好舒适的修炼场所时，便属于此类。他写信给家人，说自己到了修炼中心，而且一切进行得很顺利。

值得推荐的是渐进式的舍弃。它是要你以一种平常的、有机的方式，逐渐放弃你拥有的一切。你甚至仍可肩负少数责任，只要心里明白它们是最后的几项——你不会再添加新的责任就好了。凡是你添加的新责任，都来自你的新处境，不论那是什么。

就我的情况而言，我以好似去森林的心情，带着要完成的三册书前往夏威夷，但那仍是一种舍弃：我不安排演讲，整日与我的书和笔记为伍，而且一头扎进去。“舍弃”的字面意思是死亡与复活。写信给自己喜爱的人和志同道合的工作伙伴，说明自己不能够继续四处旅行演讲，并不是一件容易的事。

我喜欢夏威夷。能够住在一个众人都很愉快的环境真不错。我住的地方不准有小孩，因此四周都是一些年纪相当而且仍旧维持婚姻关系的人。能够和经历多年婚姻的波折，而仍能彼此相爱的人在一起，感觉真是太棒了。那就像是船已驶进港口，现在只是悠闲地漂浮在那儿，交换着彼此不同的海上故事一样。

我工作的地方是被夏威夷人称为“凉台”（lanai）的阳台。我背对着海洋及海滩上热闹的种种。最常见的就是来往穿梭、令人惊艳的比基尼女郎。如果我往那个方向注视，那么除了女神之外，大概什么都写不出来了。因此，我住的地方是片可供隐居的美好森林。

黄金年代

老年，是非常非常甜美的。

在原始部落中，我们发现老年人几乎总是神秘仪式和律法的守护者，部落的文化遗产便在这两者中表达出来。

荣格

到了老年，你与世界唯一的关系就是你的讨饭钵。在西方文化中，它就是你的银行户头。那是你一生所赚的，必须用来养活人生最后这段比较无忧无虑的日子。因为我目前正好处于人生这个阶段中，所以我可以告诉你，这是一生中最好的一段时光。用我们美妙的语言来形容，它可以被适当地称为“黄金年代”。那是各种事物纷呈和盛开的阶段。老年，是非常非常甜美的。

……在许多社会中，当孩子的双亲深陷工作而忙得团团转时，老年人却花了相当多的时间和年幼的子孙玩耍并照顾他们。因此，老年人不仅回归到内在世界中的永恒领域，也在外在世界中表现出来。我认为我们也可以接受小孩和老人间的强大吸引力，可以使他们从共同的神秘知识中衍生出对某种事物的看法。真正关切永恒、具有智慧之诗意般生活的，乃是他们，而不是忙碌的中间一代。

摘自《原始神话》

老年衰退的形象是有点儿骗人的，因为尽管你的能量不再年轻——那是你激发种种冲动以期有成的时候，但你如今已达到你期望的境界。这是开花结果的时刻，是真正满足的时刻，也是把你准备展示的事物展现出来的时刻。这一刻是美妙的。这不是一种若有所失的情形，好像你抛掉东西走下坡一样。完全不是这样。它是花朵盛放的时刻。

当他变得虚弱——不论是由于年迈还是生病，这个人就像芒果、无花果或浆草要脱离枝干一样，将自己从那些人生的束缚中解放出来。然后，再依据其不同的入口处和生命源头，重新加速回到生命中来。这就像贵族、警察、战车车夫及村长准备好食物、饮料及住宿的地方，等待着国王的降临，并高喊着“他来了！他来了”一样。所以，做好所有的事，然后等待着拥有这样知识的他降临，并高喊着：“不朽的国王来了！不朽的国王来了！”

摘自《广林奥义书》

仪　式

仪式的功能在于，将你的意念集中在领会你所从事行为的含义上。

有人问我：“我们能从仪式中得到什么？”你得问自己，人为什么要有仪式呢？你应该为自己的生活创造仪式才对。仪式的功能在于，将你的心念集中在领会你所从事的行为的含义上。比如说，结婚仪式便是让你冥思，现在你已迈出一步去学习如何成为整体的一部分，而不再是孤独的个体了。仪式能推动你完成这个转换。

仪式引导你认识
现在发生事物的意义。

用餐前的感恩祷告
让你知道你即将要吃的东西
曾一度是活生生的生命。

用餐时，你要了解自己在做什么。狩猎民族感谢动物奉献出它们自己。他们真的满怀感激。成熟的美洲狩猎部落的主要仪式，都是奉献给动物的。在北美西北海岸一带，主要的仪式都是在第一批鲑鱼游入内河时举行。他们要借助这样的仪式感谢鲑鱼。

在你体认到自己的行为后，
你所取食的动物生命
又复活了。

因此，你坐下吃饭时，要清楚地体认到你在做的事——你正在吞噬一个奉献给你，使你能活下去的生命。

……和其他动物不同的是，人类在杀生时不仅知道自己在杀生，还知道自己终究会死去。此外，他的老年期——就像他的婴儿期一样，本身便是一段完整的生命，其长度和许多野兽的生命一样长。

摘自《野鹅的飞行》

当我在研究罗摩克里希纳的圣典时，曾多次与僧侣共餐。他们用餐的感恩祷词是一种最美丽的祈愿。祷词的内容是这样的："梵天是无所不在的宇宙，是生命意识的能量，我们都由它现实形态所生。梵天是牺牲，是我们食用的食物，是牺牲的享用者，是盛着牺牲去火化的勺子，是祭祀的过程。了解万物皆是梵天的人，已经接近了解自己内在的梵天。"

这段祷文的意义是说，把食物吃到体内就像是把奠酒洒到祭火中一样：你的消化器官就如同火焰般消化掉吃下去的东西，因此用餐就相当于牺牲祭祀。

领圣餐的仪式就是这个概念的延伸，其中心主题乃是随着农业文明的诞生而呈现于世的："如果没有种子的死去，就没有植物。"种子虽然死去，但却发出新芽来。

因为我们是由精神与物质这两种活生生的质素构成，所以我们需要两种食物。滋养我们肉体部分的食物——蔬菜、肉类等所有我们吃的东西，乃是物质的食物，但我们同样也需要精神食粮来滋养我们的心灵部分。而咀嚼基督的圣餐礼，便是一种摄取精神养分的象征，也是“冥思”这个概念的具体表现。在吃任何事物之前，必须要先杀生，因此这又和“牺牲”的概念有关了。

你也应该
愿意被吃掉。
你是一道食物。

任何仪式都具备这个性质，即能适当地把你的心和你的行为联系起来。因此我们应该体认到，这次的研讨会，也就是大家聚在一块彼此帮助领会的活动，是一项非常美的仪式。

你可以依这种方式把自己的生活仪式化，那是极有助益的一件事。慈悲的精神就在其中表现出来了。它帮助我觉醒，并让我想起天主教教义问答中的一小段问答，即“去认识、爱护，并服侍上帝”。我并不认为上帝高高在上，我认为他就在此刻我所认识、爱护和服侍的每件人、事、物上。“和他在天堂永远快乐地生活在一起”的意思就是，体认你自己的慈悲，体认你和周遭的人、物、事乃是不可分的整体。那似乎就是人生旅程的目标了。

复　活

大部分的成人礼都是死亡与复活的经历。

在青春期及成人礼的大部分仪式中，死亡后复活都是最主要的一种，你的名字也随着这个仪式而变更了。过去的你随着旧有的名字死去，一个新的你则随之复活。

我看过一部关于一群年轻人授任神职成为神父的影片。他们站在教堂走道上，全部拜倒在地，然后，有一大张纹饰着十字架的帆布盖在他们身上。在将帆布移开后，他们就成为神父了。

澳洲和新几内亚男孩的成人礼则是一种死亡的体验。他们的眼睛被蒙起来，耳边听到的则是逐渐逼近的牛吼器[①]声音，旁人会告诉他们，龙怪就要来吃掉他们了。然而，就在龙怪来到他们头顶，正要把他们吃掉时，蒙在眼睛上的布被揭下来，他们因此得到启蒙，看到的是手拿牛吼器的查理叔叔。

在一本关于火地岛奥那人（Ona）的书中，也描述了类似的仪式。男孩在一栋男人的房子中，里面充满了他认为是神明和具惩罚力量的鬼神，但实际上只是人戴上面具罢了。其中一个戴面具的男人向前靠近他，男孩则必须和他角力。那戴面具的男人先是几乎要把男孩摔倒，但后来却礼让，任由男孩打败他，并拉下他的面具来。因此，面具不只是伪装的工具，还是被征服及被崇拜的对象，因为它代表了社会的界限与束缚。男孩戴上面具后，就变成了那股力量。原先害怕的现在则转变为支持的力量。

我对美国画家乔治·卡林[②]的作品极感兴趣。他画了数百幅以美国印第安人为主题的画作。1832 年，他旅行探访曼丹印第安人（Mandan）[③]，并画了一系列描绘他们成人礼的作品。年轻男孩由一枚穿过他们胸口的尖钉，自天花板上吊下来，并持续旋转，直到男孩摔倒在地为止。一个年轻人告诉卡林说：“我们的妇女受苦，因此我们也必须学习受苦。”

我认为这是个很有意思的观点，男人这么做，是因为女人饱受苦难，而且她们无法避免。当女孩子第一次月经来临时，她便成为女人了。

男人对经血的恐惧几乎是与生俱来的，这在原始文化中特别显著。这乃是对此

---

① 一种宗教仪式用品，系绳旋转即鸣。——译者注

② George Catlin（1796—1872），美国民族学家、艺术家。——译者注

② 居住于北达科他州的印第安人。——译者注

融汇了整体奥秘与力量的现象的真正恐惧。因此，那时女子的成人礼通常是自己一人独坐在小茅房，领悟到自己已成为女人了。在大多数社会中，她的下一件事便是成为母亲。

某些女性告诉我，第一次月经来潮是一次令人震惊而恐怖的经历。那是一个你被迫必须跨过的人生关口，你无须做任何挣扎。唯一要做的事就是，明白已发生的事，并去领会那自然发生的生理变化所隐含的意义。在听过许多女性的描述后，我了解到女性经验的特色便是要能忍受，而其中最主要的就是宽恕，也就是持久忍耐的能力。

而另一方面，男人则必须外出找问题。因此，男孩必须要有计划地从女人堆中抽身，而被放置到男人的世界中，以找出他的活动领域。身为男性，他只需短暂忍受成人礼中加诸他身上的、而非他生命本身的痛苦、挣扎和困难。男孩必须靠社会机制的“认可”才成为男人，女孩则必须去“体会”自己已是女人。生命完全掌控了女人。

男人从来没有足可比拟的经验，这就是男性成人仪式必须如此残暴的原因——为了让男人真真切切地明白，自己不再是个小男孩了。这也是为什么年轻男子必须切断和母亲关系的缘故。在当今的文化中，有些明白其中道理的母亲便会协助孩子独立，而过分执着的母亲则会成为年轻男人生命中沉重的负担。在原始文化中，母亲与儿子绝对是要被分开的。

我正读到孟加拉的一项印度教仪式，那里的妇女的状况是极度封闭的。身为女性，她在家中必须听从父亲的话；结婚之后必须听从丈夫的话；丈夫死后，如果她没有在火葬中陪葬，就必须听从长子的话。她从来都不是自己的主人。她唯一的强烈感情联系乃是放在子女身上，尤其是放在她的儿子身上。

因此，有一项特别的仪式便是帮助女人能够放下她的儿子。她们的家庭牧师，也就是印度教的导师，会连续好几年来到家中，向她索取某种她必须拿出来的贵重事物。刚开始是拿走某些她仅有的珠宝，然后是必须放弃的某些她喜爱的食物。她必须学习舍弃自己珍爱的事物。最后，当她的儿子不再是个小男孩时，她已经学会了如何让她生命中最珍贵的东西离去。

7个珍贵事物

放弃最后的宝物时，便得到了“解脱”。

我有没有告诉过你们关于我在肯塔基州一个仪式中，必须放弃7个珍贵事物的故事？那是我最有趣的集体经历之一。我们是某协会为转化意识而办的一个约49人的聚会团体。其中来自佛蒙特大学的两对教授夫妇安排了一个仪式让大家共同参与。我们分成7个7人小组，并花了一整天的时间去思考哪7件事物是你生命中不可或缺的：“你认为哪7件事物值得你为它们活下去？”然后，你要找来大小可以握在掌中的7件小东西，以代表你生命中的7个珍贵事物，并要知道哪个代表哪个。

到了夜里，大家摸黑沿着木板路走到一处山洞入口。洞口有一个可打开的木门。门口有一位戴着狗面具的人，代表神话中守卫冥府大门的蛇尾三头怪兽——地狱犬塞伯罗斯（Cerberus）。他伸出手说：“给我你最不珍爱的东西。”在你把手中握着的其中一件小东西交给他后，他便打开大门让你进去。

然后，你继续前进，通过那极宽大的洞穴，一路上紧握着其余6样你最珍爱的事物。随后，你将会在另外5个地方被要求交出你最不珍爱的一件东西，直到手中只剩下一件最珍爱的东西为止。相信我，你能找出你最珍爱的东西来，你真的能够做到。你放弃这些你珍爱的事物的次序，是具有启示意义的。换言之，你真的晓得它们珍贵程度的顺序。最后，你来到出口，那里有两个人守着，你必须从其间通过。不过，在你通过这个有守卫的出口之前，你必须放弃你最珍爱的事物才行。

我可以告诉你，这个仪式确实有效。所有在事后与我交谈的参与者都说，在他们放弃最后一件宝物时，都真的得到了“解脱”，只有一个傻瓜例外——他没有放弃任何东西。你由此可看出，参与者对这个仪式多认真。当他被要求放弃某样东西时，他只是蹲下去捡起一个小石头交差了事。那是对心灵召唤的否定。

> ……任何生活情境处理的失败，最终都是因为意识的局限。战争与震怒都是无知的表现，懊悔乃是迟来的觉悟。
>
> 摘自《千面英雄》

最令我兴奋的是真实的体验，那是一种愉快参与的感觉。看到自己早先的心灵束缚得到解脱，真的会改变你对已放弃事物的感觉——你对它们的爱增加了，但却不带执着。我真的很惊讶。

死　亡

> 我们走入死亡，以便更新。

冥思如世界末日般的灾难，乃是把心理联想的对象放在万物来去无常的现象之上，让自己平静地接受这个事实。

启示
并不是指烈火般的哈米吉多顿[①]，
而是指我们的无知与自满
将要结束。

① 哈米吉多顿（Armagedon），《圣经·新约·启示录》中的世界末日善恶决战场。——译者注

我一直觉得，因恐惧即将可能发生的原子弹爆炸和地球毁灭而产生的巨大焦虑感，乃是一群尚未找到超越无常之生命中心的人所投射出来的。如果你能平静地和永恒同在，便完全可以接受宇宙的毁灭——就像你必须接受自己的死亡一样。这是个有机的过程。每件事物都是来了……又去。

……若是对死亡有任何恐惧，英雄便不是英雄了。英雄的第一个要件就是要接受死亡。

摘自《千面英雄》

居住在西雅图一带的印第安酋长西雅图写了一篇关于人如何与宇宙协调的优美文章。他说："为什么我要为族人的毁灭而悲哀？所有的事物都会终结，白人最终也会发现这个事实。"这是宇宙普遍的真理。人可以平静地接受这个事实，但这并不表示个人不应该加入努力改变情势的行列，只是求变努力的基础必须是"平静的"。在一场狗拉雪橇的竞赛中获胜很棒，但输了也没什么。

现在问题的所在是人类的世界。由于遵循统治者功利的判断，以及神职人员随机依启示所做的指示，人的意识领域变得如此狭隘，以致人类喜剧的伟大诗句在目的交错的波涛中淹没了。人类的眼光变得短浅，只理解那闪烁发光、可被触及的存在表面。深远的视野关闭，具有意义的人类苦难模式不再得见。社会陷入错误和灾难中，卑微的自我篡夺了真我判断的宝座。

摘自《千面英雄》

让我们想象自己站在演讲厅中一会儿……上方有许多灯，每一个灯泡都和其他的灯泡分开，于是，我们也许就会把它们想成是彼此分开的。

……正如上面的每一个灯泡都是发光的工具一样，我们下面的每一个人也都是意识的工具。灯泡最重要的特点是它发光的品质。同样的，我们最重要的就是意识的品质。虽然我们每个人倾向于把独立的身体和其缺点当成是自己，但是把身体当成只是意识的工具，以及把意识想成是通过我们全体所展露出来的一种存在（presence），也是有可能的。

摘自《生活的艺术》

如果身体是个灯泡，而且烧坏了，
难道就没有电了吗？
能量的来源仍旧存在。
我们可以抛弃身体，继续存活，
我们是能量的源头。

对于生者，死是必然的；对于死者，生是必然的。你不应为那不可避免的事悲伤……驻在所有个体内至高无上的真我，是不可能被杀害的……武器不能砍伤它；火不能烧毁它；水不能浸湿它；风不能凋萎它。永恒、普遍、不变而且不动，真我是永远一致的……驻在所有个体中，真我绝不可能被杀害。因此，你不应为生物哀伤。

摘自《薄伽梵歌》（*Bhagavad Gita*）

夫物芸芸，各复归其根。归根曰静，是谓复命。复命曰常，知常曰明，不知常，妄作凶；知常容，容乃公，公乃王，王乃天。

老子《道德经》第 16 章

我们走入死亡，以便更新。

没有哪样事物能永久保存它的形态，然而大自然那伟大的再生力量，却不断地创造出各种不同的形态。它要确保宇宙万物不致消灭——它确实做到了，只是要变化、更新它的形态罢了。

奥维德（Ovid）[①]

有一则阿兹特克人（Aztec）[②] 临终前的祷文是这么说的："亲爱的孩子！你已经历完此生的劳苦。你已取悦了主，他将带你离开这个世界。因为我们不能永久驻世，它只是短暂的。我们的生命就像是太阳底下某个人身上泛起的暖意罢了。"

摘自《千面英雄》

生　命

只有诞生才能征服死亡。

要如何接受死后的生命乃是个人的问题。有许多冥思的训练可以打开我们的死亡经验以及对死亡的接纳。它绝对是成人礼中普遍的问题。凡有死亡，其后必有生命。

死亡与出生
同时来临。

只有诞生能够征服死亡——不是老旧事物的重现，而是新事物的长成。在灵魂深处，在社会躯体的范围内，一定会有——如果我们活得很久的话，连续的"诞生重现"（也就是轮回），以消解那持续不断的死亡重现。因为，如果我们未曾获得新生，复仇女神涅墨西斯（Nemesis）[③] 就会通过我们自己

① 奥维德（公元前 43—18?），罗马诗人——译者注
② 阿兹特克人，曾在墨西哥建立伟大王国，但在 1519 年被西班牙人征服。——译者注
③ 希腊神话中司报应与复仇的女神。——译者注

的胜利来进行复仇：毁灭就会从我们的胜利中脱颖而出。因此和平是陷阱，战争是陷阱，变化是陷阱，永恒也是陷阱。当死神胜利的日子来临时，死亡便逼近了。我们除了上十字架然后复活外，别无他法——也就是在完全肢解后，再重新诞生。

摘自《千面英雄》

有时候，死亡仿佛是由社会设定的。在原始社会的青春期仪式中，常常会对死亡做出某种程序化的规范，或者是让年轻人会觉得自己快要被杀了，并且真的体验到了进入死亡的过程。我知道在当代生活中，许多人处于某种封闭的情境时，真的会体会到死亡。

有位妇女在车祸中被两辆卡车夹撞在中间，当时，她以为自己死了。在她被救出来后，她过去的生命彻底离她而去，并从此得到了全新的生命。因此，生命从死亡中来乃是一个真实的心理学主题。

在原始狩猎民族中，人们不断猎杀动物，这些动物乃是他们主要的牺牲。在这些民族中，基本上没有以人类为牺牲。不过在早期的栽种文化中，有一种近乎狂热的牺牲，是把所有的生物都拿来当做牺牲。也就是说，只有在这些文化中，才有以人类为牺牲的现象。

只有最好的东西才被用做牺牲。
牺牲是归返自然的一条路。
“凡失去生命者将会找到它。”

一般来说，最主要的牺牲乃是作为主食的动物。例如，在东南亚是猪，在欧洲则主要是公牛。这两种动物都是月亮的象征。猪的獠牙象征新月，中间则是猪黑色的脸；公牛的角也有同样的含义。月亮死后会再复活，周而复始地循环。公牛就某方面而言，也是代表月亮的死亡，然后再由其中长出新的生命来。

蛇和月亮都会老死，
脱去它们的阴影以便重生。

自 杀

自杀，是一种挽回名誉的方式。

在罗马，自杀是一种高尚的行为。一个人在将被逮捕之际，意识到自己将要过不光彩的生活时，便会以自杀结束生命。在凯尔特人（Celt）之中也盛行着这种习俗。一幅希腊图画描绘的就是一个凯尔特人，在行将被捕之际，杀死自己和妻子的景象。

在日本，剖腹自杀是仪式自杀行为的最佳例证。那是一种有趣而精致的仪式。把职责看得比个人意愿更重的人，如果表现得很失败，就会剖腹自杀，因为这是唯一可以挽回名誉的方式。要剖腹自杀的人首先会跪在榻榻米的中央，榻榻米的 4 个角落由不同的东西标示出来——就像环绕着基督的马太、马可、路加和约翰一样，亦即 4 个点围绕一个中心的宗教主题。他把象征自己尊贵和荣誉的剑插入右腹中，横贯整个腹部然后下移。他倒下来时，脸部必须朝前才行。这种自杀方式极度痛苦。你可能希望一刀插下便不管了，然而你要体验整个刻意设定的行为过程，而且事关荣誉。相对而言，自杀的女人则要切断自己的颈静脉——虽然动作不同，但意义是一样的。

视剑为自己荣誉的印度贵族则会砍下自己的头来。这个仪式的要求也很难做到。根据说明，进行的方式是你要先将一株柔软的小树弄弯，套上绳子，再用绳子圈住自己的头，反弹回去，最后拿起剑砍下自己的头。你的头被树抛得越远，你基于此行为而得到的功德就越大。你会立即转生到与你功德相当的地方，而且四周的朋友也都明白是怎么一回事。这种自杀具有崇高的尊严，属于一种团体的仪式行为。

活在当下

> 每个瞬间都是绝对独特的，它们不可能继续出现在永恒中。

我认为“死后有生命”这个概念不好，因为它会使你因分心而无法珍惜当下活着的独特可贵。举例来说，如果你认为自己死后双亲会在那儿等着，并且你将永远和他们生活在一起，你便会不再珍惜目前与他们分享的重要时光。

每个瞬间都是绝对独特的，它们不可能继续出现在永恒中。这个事实赋予生命深刻的意义，使你能专注目前所经历的一切。我想，“每个人都将快乐地活在天堂里”这个概念，会把这个意义冲淡。你最好此时此地就是快乐的，你最好能在当下就经历到永恒……“和上帝在天堂永远快乐地在一起”这句话的意思是说，当你还在尘世时就应该快乐。换句话说，你在每一刻都应该把生命和那神圣、永恒的力量结合为一体。如果你把“天堂”这个象征看成是具体实在的地方，那么人生的情境便分裂了。譬如，你会认为永恒在那儿，而你的生命在这儿。你相信上帝这个能量的来源在那儿，而你在这儿。他可能会进入你的生命中，也可能不会。不，不是这样的——永恒能量的来源在这里，在你身上，现在就存在。

这就是诺斯替教派神秘主义、佛性等概念的真髓。圣保罗说的“现在活着的不是我，而是我内在的基督”，就很接近这个概念。我曾在一次演讲中作此评述，听众中有一位牧师就说：“那是亵渎。”这乃是教会不愿意承认象征符号具有这种意义的实例。

从另一角度来看，因为天堂这个意象的功能是协助你从容面对死亡，是帮助你顺服而非抗拒自然的安排，所以我认为你可以告诉一个临终的基督徒小孩说，他要上天堂去了。

抗拒死亡，
是因为你不知道
死后会到哪里去。

在一部佛经[①]中，有人问佛陀要如何帮助别人面对死亡。佛陀的回答是："假设有一栋房子着火了，房子里有一位父亲和三个小孩，尽管孩子们很怕火，但他们也不愿到外面去。父亲说：'听着，在外面我们有一部可爱的山羊小拖车。山羊在等着你们呢！让我们到外面上车吧！'"换句话说，你为那些无法体验到更高层次真实的人，提出了某种不是火的事物。这种方式就是帮助人们燃起了心中的渴望并提供了可行的手段，否则这些人是没有能力完成的。

当你关怀一位临终的人时，你会协助他认同那即将从身体分离的意识。终其一生，我们不断地从许多不同的事物中分离出来。最后，我们认同自己的意识，脱离自己的身体。

佛教教义的
中心思想是
不带执着的慈悲。

因此，你慈悲的对象一旦死亡，就不应该是一种折磨。你的执着是这层关系的短暂层面，你的慈悲则是永恒的层面。因此，你可以在失去一切时认同那没有失去的事物，以便抚慰你的失落感，即认同使你身体及事物存在的意识状态。这种回复到无分别意识状态的行动，乃是一种返璞归真，也是人所能想到和所能知道的极限。剩下来的境界，便是超越所有意识所及的知识了。

---

① 指的是《法华经》。——译者注

REFLECTIONS
ON THE
ART OF LIVING

第三部分

心灵的觉醒

瑜伽修行法

为上帝而离开上帝。

帕坦伽利[1]瑜伽经典手册中的第一句警语，便道出了整部作品的关键所在："瑜伽修行法乃是蓄意停止心意自发活动的行为。"

摘自帕坦伽利《瑜伽经》(*Yoga Sutras*)

……任何没有静坐冥思习惯的人，若想专注于心中某个意象或念头，很快就会发现自己已经沉浸在各种联想中了。没有受过训练的心是无法沉静下来的，瑜伽修行法则正是有意要停止心的联想作用。

有人可能会问，为什么会有人要把心带到这样的境界？

答案是，心可以被比喻成因风而生涟漪的池面……瑜伽修行法的概念便是要消去引起涟漪的风，让水恢复平静。因为当风吹起且水面受到干扰时，波浪冲击并扭曲了池面的光线和反射，使眼睛看到的都只是撞击下的破碎形态。直到池水恢复平静，被风激起的沉淀物为之澄清，如镜般的池面也再度变得光洁，原本在波痕遍布水面上的破碎映相，才得以恢复完整。这幅景象是，天上的云、澄清的天空、岸边的树、深入池底的纯净之水本身、砂底以及游鱼。剩下来的就只有一个单一的意象，而由波浪产生的映相则都只是从它而来的片断或扭曲罢了。这个单一的意象可以被比喻成瑜伽修

① Patanjali，大约是公元前 2 世纪印度瑜伽经典著述者。——译者注

行法中觉醒的自性。它是终极的，是万相之总相——这个世界只不过是它不完美的一面和短暂的变形罢了；它是上帝之相，是佛陀之相，也是我们真正的知识相（Knowledge-form），瑜伽修行法的目标就是要我们与它结合。

摘自坎贝尔《神话的意象》（*The Mythic Image*）

昆达利尼瑜伽（kundalini yoga）基本上是通过名为“调息”（pranayanma）的冥思与调息练习来进行的，方法是：先从一个鼻孔吸气，约几次数息的时间；然后停息，使气①充满全身；接下来，再以同样长的时间呼气；短暂停息后，从另一个鼻孔吸气。反复这个过程。这么做，便可逐渐使整个心灵沉静下来，有若止水一般。

这其中的道理是，呼吸和情绪是相互关联的。当你受到惊吓时，你的呼吸便会改变。当你充满愤怒或各式各样的激情时，你的呼吸也会改变。当你休息时，你的呼吸又不一样了。因此，这种锻炼的目标是要使你的呼吸规律化，以使你的心平静下来。与此同时，还有一种静坐冥思是要启动如蛇盘旋形状的昆达利尼②，使它经脊椎上升到顶轮。

（昆达利尼）……那蜷曲盘绕的母蛇形象——此女蛇神不是由“粗糙”而是“细致”的物质所形成的，被认为是位于接近脊椎底部的一个微细生命中心内（亦即7个生命中心的第一个），处在一种迟缓的、近乎冬眠的状态中。昆达利尼瑜伽修炼法的目标就是要刺激这条蛇，抬起她的头，使她经由脊椎的微细神经或管道向上，带到头顶所谓的“千瓣莲花”（sahasrara）生命中心……她，自最底下的莲花中心升至最高的中心，将穿过并唤醒中间的5个中心，随着每个中心点的觉醒，瑜伽修行者的心理及人格都将产生完全且本质上的转化。

摘自《神话的意象》

---

① 在印度医学与瑜伽中，气（prana）又译为风，或者音译为般纳、普拉纳或般尼克（英语为pranic），是一种生命能量，类似于中医所说的气，或气功所说的炁。——编者注

② 即拙火之力。——译者注

“明点”这个词是“轮”（wheel）的意思，也叫做“莲花”（padmas）。明点共有7个：有三个是在骨盆区，有三个在头部，而中间的明点——心，则是所有脉搏汇聚的中空之处，它汇聚了心脏的脉动和呼吸的脉动。

明点一，海底轮（Muladhara），亦即“支持根”（Root Support），位于脊椎的底部。它的世界观是由“具体事实”主导、尚未受到启发的唯物主义……其心理状态可以恰切地用行为学派的专有名词来解释，它是被动反应的，而不是主动的。在这个层次上，没有对生命的热爱，也没有明确要扩充心灵领域的冲动，有的只是昏昧贪婪地执着于生命的存在罢了。这股强烈的执着最后必须被打破，这样心灵才能摆脱它那只是为了存在的愚昧狂热……

因此，瑜伽修行者的第一要务，就是必须在这个层次打破自己昏昧心灵如冷血恐龙般的执着，释放出珍贵的少女（jewel-maid），也就是恐龙自己的沙克提①，以晋升到较高的层次。少女在此会变成他的精神导师，并在同时引领他到达超越睡眠状态的不朽喜悦中。

摘自《神话的意象》

明点二，生殖轮（Svadhisthana），意即“她的特别住所”，位置是在生殖器部位。当昆达利尼大力活跃于这个层次时，整个生活的目标就是性。不但每一种思想行动都由性欲所触动（要么是作为达到性欲目的的手段，要么是受挫性狂热的补偿性升华），而且所见所闻的每件事，都会有意无意地被迫诠释为性主题的象征。也就是说，心灵能量在此阶段具有弗洛伊德学说中力比多（libido）这种性本能冲动的特质。神话、神祇及宗教仪式都能够以性的名词来了解和经验。

摘自《神话的意象》

明点三，脐轮（Manipura），意即“闪亮珠宝之城”，位置在肚脐的部位。

---

① 印度教中以大自在神或其他神祇的女性配偶形态出现的神圣力量或能量。——译者注

能量在此转变成暴力，其目标是要消耗、主控，把世界变成自我及自己所有的。与此阶段相合的西方心理学说是阿德勒（Adlerian）学派的“权力意志”说：因为在此阶段性已不再是色欲的体验，而是满足成就、征服、自我肯定以及复仇的舞台。

摘自《神话的意象》

第三个明点的功能在于安排你的生活，成立家庭，创建事业，学习如何以适于个人处境和位置的方式来支配世界。这是对自我的维持、对家庭的维持、对社会的维持及对世界的维持，不过，这是在转化心意识的意义下来维持的。换言之，生命要维持，不是在茫然若失的状况下，而是在成长的状况下，就像由园丁灌溉照顾的树一样。

这三个较低层次的明点，是人类以幼稚的意识状态在这个世界生活的模式，它们是外取的；是爱侣、战士、建树者及成就者表现出来的模式。在这些层次上，欢愉和悲苦乃是“客观实在”世界各种成就的显现，也就是人们所想的、所得到的、所失去的等。

摘自《神话的意象》

这三种明点是人类和其他动物共有的功能。动物也一样会执着于生命、生育、筑巢穴，并各有它们自己的生活方式。通俗宗教就在这些层次上着墨，而生活局限在这些层次上的个人则是以自我为中心的，而且他的行动必定是受制于社会律法的。

……只在这些层次上发挥功能的宗教，由于和内在的成长、神秘的体悟无甚关联，因此根本不配被称为“宗教”。与附属于警察的权威相比，它好不到哪里去，只不过是多提供了伦理的规范，对生活的失落提供抽象的安慰建议，以及对社会责任的实践承诺未来的回馈罢了。

摘自《神话的意象》

明点四，心轮（Anahata），“没有冲突”的意思，位于心的部位。它是宗教生活的开始，是觉醒后新生命的开始，但这个名词指的不是由两种事物敲击所发出的声音。我们所听到的声音都是由两种事物敲击而产生的。不是由两种事物敲击而产生的声音会是什么呢？它是形成宇宙之能量所发的声音。因此，它是先于所有事物的。

心轮乃是精神层面的展开，其中的所有事物都是宇宙奥秘的隐喻表现。一旦你知道所有的事物都是宇宙奥秘的隐喻表现后，那些低层次的力量就被精神化了，前三个明点的作为就变成了明点四、五、六的体悟。

当你达到较高层面的明点时，
你并不是不要前三个明点所做的事，
亦即生存、性与权力。

当你爬上第四层楼时，
你无须毁掉
该建筑物的前三层楼。

明点五，叫做喉轮（Vishuddha），意即“净化”，位于喉的部位。这个明点是遏制产生能量的动物本能系统所作的精神努力。瑜伽修行者现在已通过较低层面的明点到达这里，但是并不是要否定位于骨盆部位的前三个明点。它们现在必须被转化成精神性的目标，而不只是肉体的目标。第五个明点一般由西藏的伏地神祇意象表示，放下武器和暴力等纯属于生理方面的行为，这个过程是你自己必须面对处理的。

明点六，眉心轮（Ajna），“控制”之莲花，位于两眉之间，是被我们称为“天堂”的明点，也就是肉身世界中最高的明点。埃及的法老像就有圣蛇（Uraeus Serpent）自眉间此点爬出。当昆达利尼到达这一点时，瑜伽修行者便可见到神。不论是你冥思观想的神，还是宗教教你要尊敬的神，都可以在此阶段见到。这是瑜伽修行者在整个修炼过程中的最大障碍。诚如罗摩克里希纳所说：“人们极易受诱惑，停在那儿品尝果实。”它是那么甜美，那么令人喜悦。

在濒临明觉之际，
旧有模式具有极大的诱惑力，
而且极可能使你堕落。

苏菲神秘教（Sufis）[1]有一个和第六明点相关的美妙意象。这是由哈拉智（Hallaj）所说的故事。某个晚上，有只蛾看到一盏灯在玻璃罩中燃烧着。它整个晚上不断地撞着玻璃罩，想与其中的火焰合而为一。清晨它回到朋友那儿，告诉它们它所见到的美妙情景。其他的蛾说："要与它合一，你就不能心系较好的事物。"这就是瑜伽修行者试图要突破的状态。因此，它在隔天晚上又回到现场，最后它似有所悟终于得到突破。在那永恒的一刻，它达到了目标；它变成了火焰——梵天就是真我，"汝即彼"。存在于主体与客体——亦即灵魂与神之间的，是玻璃罩。移开玻璃罩，主客体皆不存在，因为要有客体，必先有主体。

觉悟的最终障碍就是使你无法成为神的障碍。那个玻璃罩是说明此分隔因素的一种方式。移开玻璃罩就是表示丢掉那阻碍你了解上帝的无知面纱。亲睹上帝——那带有位格[2]色彩的神，便是无知的最后一个征兆。在这个层次上，你必须借助象征和经验的协助，因为你仍然紧握自己最后这个象征不放。自认亲睹了上帝，是你最后的障碍。

不愿退让的感觉是很甜美的，但是终极的退让等于是放弃自我的存在。若你一直紧握住自己的灵魂不放，你将无法与上帝合为一体，甚至无法和你的另一半合为一体。这就是你要放弃的。我听到了嗡声（OM）。我知道神是无所不在的。神圣的能量环绕在我四周。它就在这里，就在这里，这里。

在你实现了一切之后，你便达到了那最高点。神的名称不再重要，各种神名皆

---

① 伊斯兰教的神秘主义者。——译者注

② 位格（person）是个哲学概念，指"一个智慧生命的存在显现，可被称为'生命体'"。每个人有且仅有一个位格，天使也是如此。人的位格又被称为"人格"。上帝有三个生命中心，即一个本体、三个位格，故称"三位一体"。上帝有三个位格——圣父、圣子、圣灵。三个位格的神性本质只有一个，即上帝。——编者注

包括在内。不同的神祇只是整体功能不同面向的位格显现。终极的事物是超越诸神的。埃克哈特[1]说："终极的超越（leave-taking）是为了上帝而离开上帝。"即要超越民俗的上帝概念——教会的上帝概念，你从别人那得来的上帝概念，因为上帝在超越的涉及中都只是个隐喻罢了。两个念头之间的你在哪里？两个上帝之间的上帝又在哪里？

这是个很简单的概念，但是我们却太习惯于接受从小学到的另一种概念，以至于语言文字反而成了我们的障碍，不能使我们得到解脱。对我而言，"为上帝而离开上帝"是个很生动的说法。印度哲学要接受这个概念毫无问题。当昆达利尼到达第六明点时，你便能看见上帝，"那带有位格特质的梵天（Brahman，印度教之宇宙最高原理）"。在第七明点，你超越上帝而驻足在超越的领域中："那不具位格特质的梵天。"

明点七，顶轮（Sahasrara），意即"千瓣莲花"，位于头顶部位。在这个明点，没有人能意识到上帝的存在，只有一种无分别的意识状态——静默。当你到达第七明点时，你是静止不动的。也可以说，这是一种剧烈而彻底的平复，而你也因此完全回归到纯一无杂的状态中。

世界的神圣力量

> 你的爱人，乃是那遍布在世界之神圣力量的显现。

我对昆达利尼瑜伽的看法是，如果你向下回到心，也就是精神生活开始的第四明点，主体与客体是融在一起的。第一明点与第七明点是相对应的。当你达到第七明点时，第一明点是睡眠状态的昆达利尼开始发生作用。第二明点相对应于第六明点。第三明点相对应于第五明点。于是你便能够从第三明点取得暴力能量，然后在第五

① Meister Eckhart (1260—1327)，德国神学家、神秘主义者。——译者注

明点锻炼自我控制。因此，你便可在第四明点产生转化。

比如，通过第二明点的爱的经验，你便能在第六明点真正体验到神的恩典。你将第二明点的色欲能量转化成爱。假如没有第五明点修炼的体验，那么你绝不可能对通过身体得到的体验有一鳞半爪的理解。如果在你的肉体之爱中，能够领会到你所接触到的，乃是由神的恩典以适当的形式显露给你的，那么这就是从肉体的层次提升到精神的层次，而不需要放弃肉体的层次。这两者是合一的。于是你在第六明点亲睹神明，并体验到你的爱人乃是那遍布世界之神圣力量的显现。

在宫廷爱情的传统中，女人测试追求者的方式是不让男人接近她，除非她确定追求她的不是肉欲而是爱，是温柔的心。这就是宫廷式爱情的真谛。同样的主题稍后又呈现在但丁的《神曲》（*Divine Comedy*）中，书中他对贝阿特丽采（Beatrice）的爱引领他到达上帝的王座。在他一本名为《新生》（*La Vita Nuoua*）的美好诗集中，但丁描述自己如何以第六而非第二明点的眼神凝视着她，也就是以上帝之爱显现的眼神凝视着她。他靠着这份爱，经历了整个旅程。

印度寓言

愉悦地参与世间的苦难。

我的挚友、我最后一个精神导师——亨利·齐默尔经常说："最好的事物是无法言说的。"也就是说，你无法谈论超越语言文字所及范围的事物。

第二好的事物是被误解的事物，因为它们是你对那无法言说事物的陈述。说它们是被误解的事物，是因为你必须使用的象征语汇乃是涉及具体历史事件的。

第三好的事物是有关政治生活、经济等这一类事物的对话。这是我们通常面对的事物，亦即前三个明点的范畴。

齐默尔极爱叙述印度一则有趣的动物寓言。故事是说一只怀孕且饥饿的雌老虎，在攻击一群羊时，由于扑袭过猛而产下小虎，并因此死去。

羊群四散奔逃，当它们再回到原来吃草的地方时，发现了这只刚出生的小老虎和它死去的母亲。由于强烈的呵护本能，羊群收养了小老虎，而小老虎也自以为是羊而随羊群成长。它学会像羊一样咩咩叫。它也学会吃草。由于草提供给它的养分不够，因此长大后的小老虎便成了虎族中颇为瘦小可怜的怪家伙。

在小老虎长成青少年后，有一天，一只巨大的公老虎突袭羊群，羊只四散奔逃。不过，这个小家伙是只老虎，所以它仍然站在原地不动。大老虎非常讶异地看着小老虎说："你和这些羊住在一起吗？""咩……"小老虎回答。大老虎感到十分痛心，就像一位父亲回到家中发现儿子留了一头长发一样。大老虎来回拍打小老虎好几次，而小老虎的反应只是傻乎乎地咩咩叫，还慢慢嚼起草来。于是，大老虎把它带到水面平静的池塘。

平静的水是印度人最喜欢用来象征瑜伽概念的意象。瑜伽修行法的第一则警句就是："瑜伽修行法乃是蓄意停止心意自发活动的行为。"我们不断变迁的心可比喻为被风吹皱了水面的池塘。因此，我们看到的形态，亦即我们自己生命和周遭世界的形态，都只是时间领域中来来去去一闪即逝的意象罢了，但在这些虚幻的形态之下，乃是其他形态的实质的总形态。在池塘的水静止后，风停下来后，以及水面澄清后，你会在平静中看到在这些变迁形态背后的完美意象。

因此，这只小家伙往池中看去，有生以来第一次看到自己的脸。大老虎也将脸映入水中说："你瞧，你有和我一样的脸。你不是羊。你和我一样是只老虎。做个像我一样的老虎吧！"

这是精神导师式的教训：我给你一个榜样学习，做个像我一样的人。它和个人主义式的态度完全相反。

于是，小家伙了解了大老虎的意思。它被衔起来带回虎穴去，洞里尚余留最近被猎杀的瞪羚残骸。大老虎撕下一大块血淋淋的肉对小老虎说："张开嘴来。"小家伙退后说："我是吃素的。""别说这些没用的话。"老家伙说，同时塞了一块肉让小老虎吞下去。小家伙吐了出来。故事在此处注解说："就像所有真实的教诲都不被接受一样。"

尽管对真实的教诲感到反胃，但是它却进入了它的血液、它的神经中——肉才是它的食物，它触动了它真正的本性。小老虎第一次不由自主地像老虎一样伸展了四肢，并发出第一声轻微的虎啸。大老虎说："就是这样，现在你知道怎么做了，我们到丛林去吃一些老虎的食物吧！"

素食主义是
逃避生命的第一步，
因为生命需靠生命而活。
素食者所吃的
乃是不能动弹的东西。

当然，此处的寓意是说，我们都是像羊一样生活的老虎。在我们右手边的道路，是有意培养我们羊性的社会机制。可被适当理解为隐喻的神话，则引导你去体会和认识自己的老虎面貌。只不过，你要如何与羊群共处呢？

耶稣曾对此问题表示过看法。在《马太福音》第7章中，他说："不要把珍珠丢在猪前，恐怕它践踏了珍珠，转过来咬你们。"

正统社会
的功能在于
将神秘主义者折磨至死：
这也就是他的目标。

你可以穿着律法的外衣，举止行动与他人无异，而在内在穿上神秘主义的衣服。耶稣也说，当你祷告时，你应进入自己房内并关上房门。在走出来前，要先梳理头发。不要让别人知道，否则你将成为虚假的怪人。

以上是为了不让别人知道你的真正境界，接下来的问题是：你该如何与这些人相处？你知道答案吗？你知道他们都是老虎。你是和他们这个层面的本性生活在一起的，而且通过你的善巧方便①，或许能让他们知道自己是老虎。

这就是启示，也是将我们带入菩萨道的最后一剂处世良方，亦即奠基于永恒但却在时间中行动者的道路。时间的领域就是苦难的领域。“所有生命都是痛苦的。”它确是如此。如果你试图改变生命的苦难，那么你只是将它们转移到别处去罢了。生命是痛苦的，你如何面对这样的处境呢？方法是体悟自己内在的永恒。你抽离俗世，然后再重新参与。下面便是这道美妙的良方——你要“愉悦地参与世间的苦难”。你游戏人间。它可以伤害你，但你知道你已发现一处超越伤害与成就的地方。你就在其中，就是这样。

嗡……嗡……嗡……

> 处于自然愉悦时所发出的声音，便是宇宙的原声。

自从荣格去世后，我就没有再留意心理学的发展了，但我会说荣格就是这么样的一个人：奠基于永恒而在时间的领域中行动。珍与我曾在荣格位于苏黎世湖畔的柏林居，与荣格夫妇一起喝茶谈天了一个半小时。那是一次可爱的聚会。因为当时荣格正在编辑一些德文版的齐默尔遗作，而我已完成英文版的部分，所以我们毫无障

① 又称方便善巧、善权方便、权巧方便、善方便、巧方便、权方便，或单称为善巧、善权、巧便、方便。佛菩萨救度众生，一定要有圆满的智慧和高度的技巧，这个技巧就是善巧方便。——编者注

碍地彼此寒暄，并愉快地分享话题，且无须担心沟通不良。当我们正要离开时，荣格说：“你要去印度啊！让我告诉你宇宙原声“嗡”的意义。

“我在非洲时，曾与一小群人外出徒步旅行。不久，大家发现迷路了。我们四下看去，四周都是鼻子上挂着饰物的土著男孩，他们单脚站立，用矛支撑身体保持平衡。没有人知道该如何和他们交谈。我们对他们的语言一无所知。当时，气氛很凝重，我们只好坐了下来，彼此看着对方。当大家都觉得没事时——‘没问题，他们是好人，他们完全没问题’，你猜我听到了什么？‘嗡……嗡……嗡……’

“第二年，我和一群科学家在印度——如果有人对宇宙神秘不易起敬畏感，那就是科学家了。我们爬上大吉岭到老虎坡去，那真是一次美妙的经历。你每天约在日出前半小时起床，在早晨清冷的空气中开车到一片高耸的山脊上。那时天还是黑的。当太阳升起时，展现在你眼前的是绵延数百万平方公里的喜马拉雅山群峰，化作彩虹般的缤纷色彩。你猜我听到科学家们发出了什么声音？‘嗡……嗡……嗡……’‘嗡’是处于自然愉悦时所发出的声音。”

这是我们之间谈笑风生的一个例子。荣格是个长相俊美的人，珍也说他有双漂亮的眼睛。

荣格在1909年发现神话和梦是有关联的，但这项事实在印度早已为大家所知。在嗡或啊—哦—姆（A－U－M）这个音节中，便隐含着这个秘密。

> 根据《曼都卡奥义书》（*Mandukya Upanishad*）的记载，醒着的意识状态所形成的世界是和四格音节[①]嗡声中的啊（A）音相同的；而梦的意识状态所形成的世界（也就是天堂和地狱）和哦（U）音相同；另外深度睡眠状态（知者与被知事物，上帝与他的世界神秘的统合状态，孕育了创世的种子和能量——也就是曼陀罗中心部分象征的状态），则与姆（M）意相同。

① 指的是A、U、M以及其间的静默。——译者注

灵魂被这个四格音节从其中推动出来，进入周遭超越的静默中，亦即发音时产生声音以及它回归的静默——缓慢而有节奏……就像“嗡……嗡……嗡”一样。

摘自《野鹅的飞行》

你如果想要听见嗡声，只要掩住耳朵即可。当然，你所听到的是微血管中血液流动的声音，但那就是嗡声：啊——醒着的意识状态，哦——梦的意识状态，以及姆——深度无梦的睡眠状态。嗡是上帝光芒之声。这是最神秘难解且又最重要的一件事，不过，一旦你领悟，其中的道理便非常简单。

“梦是灵魂最秘密深处隐藏的一扇小门，它所敞开朝向的宇宙无边黑暗地带，乃是在自我意识（ego-consciousness）出现之前许久便存在的灵力，而且不论自我意识如何延伸其范围，此灵力仍然存在。因为自我意识是孤立的：它的功能在于分别和拣择，只知道个别的事物以及和自我有关的事物。它的本质是局限的，即使它到达宇宙星辰中最遥远的星云也是如此。意识都是分离的，但在梦境中，我们披上与原初黑夜中更普遍、更真实、更永恒之原人相似的外衣。他仍旧是全体，全体也在他之中，而与自我的本质和赤裸状态没有差别。

“梦就是从这些万物合一的深处升起，它绝不幼稚、怪异，也绝非不道德。它的坦率及真诚就像花朵绽放一般，使我们对自己生命中的虚假感到脸红。”

荣格

梦的奥妙之处在于主体即客体。客体在形态上是自具启发性且流畅无阻的，在意义上则具有多层性。它是你的梦，是你意志的显现，然而你却对它感到惊讶。这就是自我意识与无意识之间的关系。自我意识必须学习了解无意识，而梦就是无意识和意识沟通的语言。不过，在梦境和心象中，主体即是客体。

梦、心象与上帝——上帝是个具有启发性的心象。上帝的意象相当于梦中的心象。正如你梦中的意象一样，你的上帝是你自己的一个面向。这就是印度谚语“神除了被自己崇拜之外，不应被崇拜”（nadevo devam arcayet）的意思。你的神是你自己意识层次的展现。天堂与地狱都在你心中。这层了解在印度被视为理所当然的，因此我们现在谈论的属于神话的领域。

写下你做的梦，
它们是你的神话。

虽然这种意识状态是无意识的，但身体是有意识的——身体里面仍有意识状态。心脏在跳动，血液流过全身。如果你觉得冷，自然会拉一条毯子盖住自己；如果觉得热，就会拽下毯子来。我记得在一本杂志上看到一幅夫妻睡在床上的漫画。丈夫全身盖得严严的，梦到自己在南太平洋的一个小岛上观赏草裙舞。太太则没盖多少被子，梦到了自己在爱斯基摩人的冰屋中。所以说，身体是有意识的。

我要说的是，意识本身在这黑暗层之下，超越了梦的意识范围。《奥义书》中有句话说：“我们每天晚上都进入到梵天的世界中，然而可叹的是我们却睡着了。”瑜伽修行法的目的便是要醒着进入那个领域。如果你能做到，你就达到了纯粹、全然而无分别的意识状态。不是对每种事物都有意识的那种状态，因为你不是在啊（A）或哦（U）的层次，而是意识状态的本身。因为人类的语言文字不是和事物有关，便是和事物之间的关系有关——不论是清醒时所见的事物还是梦中的心象，这个经验都不是语言文字所能表达的。我们只能说它是静默。

静默是描述这种体悟的适当语汇。佛陀被称为释迦牟尼。“牟尼”的意思是“沉默者”，而“释迦”是他的族姓，因此他是释迦族中的静默者。这就是为什么齐默尔说“最好的事物无法言说”的原因——因为没有语言文字能描述这个体悟。当你以语言文字描述心意时，你有被语言文字困住无法通畅表达的危险。因此，对于放言高论的人而言，这个谚语会令他们不很舒服：“言者不知，知者不言。”这就是最后的话语。

此处的基本观点是，由沉默中听到的嗡声形成了所有的事物。万事万物都是它的展现。你由此转向了内在。你在世上活动的同时又能拥有精神生活的秘诀在于，随时倾听万事万物中的宇宙原声嗡。如果能做到，所有事物就都会随之转化。你不再需要到别处去寻找你追求的满足、成就与宝藏。它就在这里。它无所不在。

这类全体驻足于世界心象的呈现，很明显的不因种族或文化的差异而有不同的解释。其中涉及的问题倒是属于心理层面的。用荣格的话说，在无意识的深层中，“人不再是独立的个体，他的心开展、融入人类集体的心中——不是意识的人，而是人类无意识的心，在那儿，我们是没有差异的”。

摘自《神话的意象》

生命真是艰难

在成人的生活中，你对生命是执着的。

每个人身上都有一套与生俱来的人类本能系统，没有了这套系统，我们甚至不可能出生。不过，我们每个人同时也受到某个地区文化系统的教化……我们被教导对某些特定的信号做出积极反应，对其他信号做出消极反应，甚至感到惧怕。然而，这些教导我们的信号大部分都不是自然的，而是某地区的社会秩序。它们随各个社会而有所不同。不过，它们发动及控制的脉动则是自然的、生理的和本能的。

摘自《生活的神话》

在成人的生活中，你对生命是执着的，你的情欲关系正在发展建立，你也已经有了一套维生的方式。我可以告诉你许多关于不同能量如何相互抵触的例子。有一种雄鱼基本上是上半身为深色，下半身为浅色。那是鱼类显色的普遍方式，因为当你由下往上看浅色部分时，鱼相对而言是隐形的，而当你由上往下看深色部分时，它也着上了伪装。不过，当这种鱼发情时，它的颜色产生变化以便使自己现形，这就使它陷入危险中了。你瞧，这在我看来似乎就是爱情的象征。当爱情对象出现时，你放弃自我的保护，而被情欲的压力所掳获。

这是一种很有意思的互动。当雌鱼经过时，雄鱼便随之翩然起舞。雄鱼身上某种和颜色有关的因素促使雌鱼有所动作，然后这又引发了雄鱼的反应。如果其中任何一个小动作有失误，舞蹈便告中止，而且舞步的设计也不再继续下去。不过，如果他们能完成整个编舞过程，就会有结果。

有一部关于三只鲸鱼的好电影，其中两只是雄的，另一只是雌的。有件小小的自然造化之作就要发生在雌鲸鱼身上。她已准备好了。这三只鲸鱼合作的情形是我看过最令人印象深刻而感动的事。它们游着泳，三只鲸鱼划动着鱼鳍并行游去，而当雌鲸鱼准备好要接纳其中一只雄鲸鱼时，她便慢了下来。右边的鲸鱼支撑着雌鲸鱼——我的老天，那像彩虹般的生殖器就这样弯曲横越过这只巨大哺乳动物的身体。那真是非常感人而伟大的场面。

当动物进行类似这种由内在本能驱动的生殖行为时，就是精致的仪式关系。我们可以说，当物种繁衍的原则在个人身上发生作用时，便是一种仪式的进行。这就是在既定的情况下，个人对自然或社会的意志所作的承诺。然而第二只鲸鱼并没有直接进行交媾行为，它为什么要参与这个过程呢？这对我而言是很离谱的事。这里绝对没有任何竞争的意味，那是合作。我听说现在有船只带游客出海去看鲸鱼交配，于是鲸鱼便移往卡特琳娜岛[①]之外的海域。人们真是能坏事。

前几天，我观察了一群鸟。它们飞翔时的韵律真是值得一看。它们似乎都精确地知道什么时候该转弯，要飞往哪里去，以及现在要做什么等。它们是如何做到的？那是对某种超人的自然韵律的投入。

① Catalina Island，洛杉矶外海 35 公里的岛屿。——译者注

我记得我曾看过一部迪士尼公司出品的自然影片，是关于海龟在距海约 30 米沙滩上产卵的美妙故事。几天后，沙里爬出许多刚出生的小海龟，每只大约和 5 分钱一样大小。它们毫不迟疑地朝向大海而去，并未四下觅食，也没有经过尝试错误的过程，更没有问“我应该先到哪里去”。这些小东西没有一个会走错方向，不会先胡乱地摸索到树丛中说“喔！错了”，然后转身想“我天生就应该去比这更好的地方”。不，真的不会如此！它们正如母龟所料的，全部直接朝向海去——朝向母海龟，或是大自然之母。这时，一群海鸥在彼此互通信息后，像俯冲轰炸机般地对准这些正朝向大海爬行的小海龟冲了下来。小海龟清楚地知道，它们必须到大海，于是便以幼小四肢所能推动的最快速度前进——顺带一提的是，它们的四肢早已知道如何运动，不需要训练或实验。它们的腿知道该怎么做，而且它们的小眼睛也知道前方看到的大海，就是它们要去的地方。当整队小坦克笨拙地以它们最快的速度奔向大海时，整个系统的运作真是完美无缺：接下来……当然，有人一定会认为海面的大波浪对这些小东西必定是一大威胁。不！它们直接投入水中，而且已经知道如何游泳。当然，一旦小海龟到了海中，鱼群就又开始找上它们。生命真是艰难！

摘自《生活的神话》

你—它

以“你”看待他人，与以“它”看待他人的自我是不同的。

南非土著布须曼人（Bushmen）使用的弓箭小得可怜，射程不超过 18 米，但他们在这些小箭头上涂了致命的剧毒。对布须曼人而言，相当于印第安人美洲水牛的动物便是南非旋角大羚羊—— 一种漂亮、高大的瞪羚。布须曼人必须先催眠大羚羊以便接近到适当的距离发箭。大羚羊在被毒药毒死之前，还可以在巨大的痛苦中再活一天，猎人必须把自己视为该动物，并遵守一些特定的禁忌，而他的行为举止确实会影响动物的死亡。

赫必族人（Hopi）①的蛇舞也和这有关。这是一种奇怪而美妙的仪式，舞者抓住蛇的嘴巴，一边跳舞一边用羽毛拍打手中的蛇。我看过一部我觉得是佐治亚州或田纳西州山区的人，如何表达对蛇的崇拜及如何使用蛇的影片。这些人在祭典中来回抛掷一团响尾蛇。参与仪式的人相信，如果他们是“在耶稣的灵中”，就不会被蛇咬。他们让自己进入一种动物能感应到的心理状态中。不过在影片中，这个祭典的主持人却被蛇咬了。他说他觉得自己的意识好像要“消失”了，因此，他不准任何人治疗他，然后就死去了。

我在纽约市未曾真正地和动物近距离地生活过（除了小时候在乡间外），使我根本无法了解这样的事。因此，听到人与野生动物之间互动的故事，以及那些牺牲与慈悲的象征概念确实能够在行动中发生作用，真的令我感到惊讶。

城市佬如何能够拥有
召唤动物的力量？
若他们对动物一无所知的话。

在夏威夷期间，我极爱观察棕榈树上的小鸟。当它们停在树叶上时，并不知道棕榈叶会因压力而下垂。不过一旦某只鸟停驻的树叶下垂，它就会立刻调整自己而不使自己掉下。这真是奇妙。不知道那是什么样的意识？

记得我在孩童时期曾走过一片树林，并看到一片倒钩的铁篱笆，上面有一棵树靠着它蜿蜒而生。树已将倒钩铁线包缠起来，很细致地把它融入自己当中。你不能说其中没有意识存在。

19世纪，当活体解剖刚开始出现时，用来解剖的动物被认为是无关紧要的。动

① 赫必族人，居住在美国亚利桑那州东北部的印第安人。——译者注

物没有意识，它们的反应被认为只是机械性有机体对刺激的反射动作。这种解读生命的方式能延伸到什么程度呢？能将它运用到人类身上吗？人类也只是机械性的有机体吗？这就是行为心理学的看法。

另一个极端则是印度教徒“真我（Atman）与梵天无所不在”的观点：所有事物都是有生命的。

印度教的静坐冥思意欲
使人和大自然协调一致。

当你和大自然协调一致时，
所有的恩赐都会随之而来。

以“你”（Thou）看待他人，与以“它”（It）看待他人的自我是不同的。你若把所有的事物都看成是“你”，那么整个世界就是一个你。那是种神秘的体验。一旦所有的事物都被看成“它”，你就有了二元对立。我—你的关系不是一种二元对立。它是一种非二元的体会。

以这种体会看世界，整个世界就充满生命和欢乐的光辉。把每件事物都看成是你，并了解其生命，这是所有宗教冥思意含的最高表现。这个观点是主张机械论的科学家所拒斥的。

当我四处演讲时，有趣的是会从某些科学家和英美哲学家那儿得到消极的反应，他们反对我用“意识”这个字眼,因为他们用的是“能量”这个名词。我越来越认为，这两个词其实是同一事物的不同说法，单一力量的两个面向。意识中隐含着分化和运动的倾向，这使我灵机一动地想到，或许我们看到的能量就是意识。至少在生物学领域中，能量似乎和意识有关联，几乎可以说是同一件事。

我认为有三种存在状态：第一种是自然纯真的表达。第二种是当你停下来分析和思考它时。一旦你这样对待它，自然就不再具有生命。当你分析时，你的自然本性并没有在推动你。最后一种存在状态是，你能够再度和自然共存，只是更有能力、更自制、更富弹性。

预感

> 宇宙是一个梦者所做的梦，所有梦中的角色也都在做梦。

我越来越相信，有一个意识层面是我们所有人共有的，而我们的脑则是局限于这意识层面的机制。退回去，去掉这层限制，融入那意识层面中是有可能的。否则，你如何解释超感官知觉的现象？因为时间是知觉的一种形式——意思是说，将要发生的事就某种意义而言已经发生了，所以你不能说预感是一种巧合。预感、预兆都不是巧合。它们太常发生，所以不能被归因为意外。

在这种经验发生在我身上的次数多到足以让我亲身证明它，例如，遇到某人，有某种"一拍即合"的感觉，以及预知自己将要从事某种重要的事，而且它将成为你生命中的主轴等。我的意思是说，当你遇到将成为你生命中深具意义的人时，你第一次碰面就可以感觉出来那样的经验。这是非常神秘的事。

有时候你会觉得自己错失了某个信息，没能把握住势头。我曾有过这种错失感，觉得自己应该和身旁的那个人交谈，因为那正是他们坐在那里的原因。不过，有时候你会觉得奇怪，某人到底是怎么闯进你的生活圈的。

你也可能因为贪求灵力而迷乱。不论是否拥有灵力，你都仍然要面对命运和人生悲剧的问题。我便感觉到，在学术生涯中，我的生命旅程已经进入浅薄的窠臼中。坦白说，我是个思想－直观型的人，情感面和感觉面较弱。这就是我的心理构造，我的性情就是如此。我有情感与感觉，但却无法靠它们指引我。我确定这点是因为我认识并与凭感觉过日子的人一起生活过。我了解他们生活经验的丰富面和各种滋味。我在这方面是非常粗糙的，但我可以在思考方面与他们任何一个人一较高下。

> 荣格在他心灵结构的分析中，把我们与外在世界联结的心理功能划分为 4 种类型。这 4 种类型是情感、思想、感觉与直观。他说情感是告诉我们某种东西存在的功能；思想是告诉我们它是什么的功能；感觉是评估它对我们价值的功能；而直观则是使我们能估计事物及其情境内在可能性的功能。因此，感觉是价值的内在指引，不过价值判断通常和外在、经验的环境有关。
>
> 摘自荣格《分析心理学》（*Analytical Psychology*）和坎贝尔《神话、梦境及宗教》

符号学（Symbology）的美妙之处在于，它囊括了所有这 4 种功能。荣格还提及位于核心的第五种功能，也就是他所谓的“超越功能”（transcendent function），即各种象征帮助你瞄准进攻的对象。符号不会把思想带进头脑的领域，但是头脑却可以引导它。我一直害怕其他的功能会干扰头脑的活动。思想是我拥有的极佳天赋，不过它不能取代其他的功能。

我尚未练习冥思，我知道我一直害怕冥思可能带出许多事物会影响我目前思考能力的发挥。它是一个刻意的限制，使我的思考朝向某个特定方向发展，并达到目标。我已经达到该目标，我心里知道。超灵的经验并不一定会有这一层次的感受。每个人都有他各自的能力。真正的奥秘在于，你要深知乘载你跨越人生之道的这条船的性能。

对于你参与的人生大浪潮，你唯一能描述它的方式，就是像叔本华所说的：“宇宙是一个梦者所做的梦，所有梦中的角色也都在做梦。”

人造真理的谬误

> 你必须忠于自己的不完美。

当我们谈论科学的真理时——正如同我们谈论上帝时一样，我们就麻烦了，因为真理有不同的意义。实用主义哲学家、心理学家威廉·詹姆斯（William James）说："行得通的就是真理。"这句话是有道理的。

"绝对真理"（Truth）这个观念，亦即相信有某种超越人心思考相对性领域的真理存在，我称之为"人造真理的谬误"。那些讨厌的布道家的问题，就在于犯了人造真理的谬误。当他们用颤抖的音调告诉你上帝说的话时，你会知道他是个冒牌货。当人们认为自己或他们的导师掌握了真理时——"就是了"，这些人便是尼采所说的"概念的癫痫患者"，亦即因掌握了某个观念而疯狂的人。

认为你掌握到真理乃是一种疯狂，宣称有绝对的美也是一样，因为我们可以很容易就知道没这回事。美总是和某些事物有关的。英国19世纪浪漫诗人济慈（John Keats,1792—1866）在《希腊古瓮颂》（*Ode on a Grecion Urn*）一诗中写道"'美是真理，真理是美'——那是你在这世上所知的，也是你需要知道的一切。"这是一种极富诗意的想法，但那是什么意思呢？说到口头禅，我倒喜欢罗伯特·布莱（Robert Bly）对笛卡尔"我思故我在"的补充："我思，故我在。石头不会思考，所以它不存在。"

理想是危险的。
不要把它们看得太认真。
错过一些没关系。

行动中的人不可能完美。你所代表的总是本身完美的二元性之某一面。一旦你采取行动，就不完美了——因为你决定以某种方式行动，而不是以另一种方式行动。

这就是为什么认为自己完美的人都是很荒谬的原因，因为他们是跟自己过不去。

把生命本身看成罪，即不完美，乃是印度的基本思想，在中国也有这种看法。你要生存下来就要杀生吃食，不是吗？如果你愿意，可以只吃落叶，但是你也是在吃生命。你或许会说，自己不过是取用人类共有的东西，而把它转到你的方向而已。不过，这是你单方而非对方的决定。因此，决定做个不完美的人吧！让自己接受这个事实，然后再出发。这就是“愉悦地参与世间的苦难”。

印度的概念是，你在许多世转生后达到了完美境界，然后你不再转生。你不干了。你不参加了。因此，所有的佛像都被刻画得大同小异，因为他们都是完美的，不用再转生了。只要你继续转生，你就是不完美的。因此，你必须忠于自己的不完美：了解那是什么，然后继续原来的轨迹。借着忠于二元性中自己的那一部分，你可以使历史的奥秘得以展现。

不要放弃你的邪恶，
让邪恶为你服务。

如果你是个自负的人，
就不用除去你的骄傲。
把它运用到你的精神追求上。

“把事情做好”就是艺术

> 我认为日本机械制品卖得那么好，是因为日本人具有艺术的概念，他们在每件事物上都力求完美精确。

升华和美是相对的吗？美的事物是不会威胁你的。即使悲剧的恐怖也没有把你炸成碎片的东西那么有威胁性。升华是由巨大的力量和浩瀚的空间产生的，举例来说，当你爬到山顶会有升华的感觉，整个世界都将为你开放。这是佛教艺术中常用的主题，也是寺庙盖在山顶上的原因。在日本京都，当你爬山时，有许多庭园蔽遮了你的视线，使你无法见到展开的景象。然后突然间，“呼”的一下，整个世界展现在你面前。这就是升华。因此，力量和空间是升华的两种产物。在任何一种情况下，自我都消退了。这是很奇怪的：你越没有自我，就越能体验到升华的感觉。

印度的美学家库马拉斯瓦米（Coomaraswamy）把艺术定义成“把事情做好”，不论艺术的功能或品类为何，都是它的基础。如果你对于“把事情做好”都不感兴趣，那么你在最基本的意义上都算不上是个艺术家。我认为日本机械制品卖得那么好，是因为日本人具有艺术的概念，他们在每件事物上都力求完美及精确。

艺术的目标是追求物体的完美。以泰姬陵[①]为例，那便是个辉煌的艺术成就。它是完美的。提到泰姬陵就只能以“完美”来形容它。我有幸能在一个月圆的夜晚第一次看到它，我无法忘怀那一刻。要命的是，我兀自站在那儿想着：“这就是诗人罗宾逊·杰弗斯（Robinson Jeffers）所说的‘神圣奢华之美’（divinely superfluous beauty）。”它在我生命中不具任何实用价值，但这一刻本身便具有价值。

……喝茶是一件平常、世俗、普通的日常事件，和朋友坐在房间内也是一样的。不过，试想当你和朋友一起坐在房中，决心把注意力完全集中在喝茶这个行为的每一细节上时，会发生什么情况呢？你选择最好、最合适的碗，以最美妙的方式排列在桌上，使用有意思的茶壶，和几个谈得来的朋友一起分享，同时提供一些事物让他们观赏——如一束花，每一株都绽放着美；又如一幅特别为这场合所选的、与环境协调一致的图画；或者是一个有趣的小盒子，能够让大家打开、关上，并从各个层面来观赏它。接下来，在备茶、倒茶及喝茶时，每一个动作皆以非常优雅的姿势来完成，使得在场的每个人都很喜悦地参与其中，一件普通的事由此便提升到一首诗的境界。而事实上，

① 印度阿克拉的伊斯兰教寺庙。——译者注

在十四行诗的写作中，所用的字也只是极平常、世俗且普通的日常工具。正如作诗一样，茶道也是如此：特定的规则与方式乃是长年经验累积的结果。在熟练这些规则与方式后，便能拥有极高的表达力量。因为就像艺术在其运作的方式上是模仿大自然一样，茶道亦如此。

摘自坎贝尔《东方神话》(*Oriental Mythology*)

客人从花园小径通往茶房时，必须弯下腰穿过低矮的入口。他得先对图画、布置的花和嗞嗞作响的茶壶鞠躬作揖，然后在地板上自己的位置坐下来。在茶房刻意营造的简单氛围中，越简洁的物品越能呈现出一种神秘的美感，而静默则是时间幻有的奥秘所在。每一位客人都被允许先完成和自己有关的经验，然后参与茶道的每一位成员共同冥想微观的宇宙，从而感知到他们和不朽宇宙间隐藏的情谊。

伟大的茶道师傅所关注的是，如何把神圣的惊奇转化成可经验的瞬间，然后把这个影响从茶房带到家中，再从家中渗入到国家。

摘自《千面英雄》

在每件事情中追求卓越

奴隶道德或主人道德？

公元前第四、第五世纪时，“在每件事物中追求卓越”乃是希腊人的理想。诸神代表的是许多不同范畴中的卓越典范。中庸就是中道，“凡事不过度”，我认为在生活追求卓越是个很好的目标。希腊人是人文主义者。柏拉图学派所奉行不渝的使命就是“了解你自己”(Know Thyself)。那个时期的哲学论著皆与行为和美德有关——是指“凡事卓越的美德”，而不是指“好坏对立的美德”。

这也是尼采在《超越善恶》(*Beyond Good and Evil*)一书中提出的观点。尼采认为他所谓的“奴隶道德”(slave morality)和“主人道德”(master morality)是有区别的：奴隶道德是遵守规则，照别人告诉你的来做，是善而非恶；主人道德则相当于希腊人美德的概念和文艺复兴时代“价值”(virtu)的概念，并与在特定事物上有能力的人所成就的卓越有关。我记得听人说“他是个好人”，但另外有人问说“好在哪里”，这是腔调上的很重要的转变。“全然的卓越”和“积极的表现”这两个概念，各有它们令人兴奋之处。“我到那儿完成它”和“什么都没关系，我顺从它”是两件不同的事。

因此，依照尼采的观点，具有美德的狮子是将羔羊撕成碎片的狮子，而坏狮子则不会这么做。不过依羔羊的观点来看，坏狮子是要吃它的那一头。因此，在奴隶道德中你会发现，卓越的人——也就是主控的人，被认为是不好的。它真的是如此。

基于主人道德的概念，产生了精英主义。“精英主义？精英主义是不好的。”你们曾听别人这么说吗？那是奴隶道德在说话。我记得自己曾到俄克拉荷马大学对一群由全国各大学选出的杰出学生演讲。在这之前，我从未碰到过这么多卓越的学生聚在一起。一位教授事后告诉我，有位学生去找他说：“这个团体中只有卓越的学生，乃是一种精英主义。”教授回答说：“这是为要拿奖学金的人设计的课程。”“不，”那名学生争辩说，“这是精英主义，不应该出现在校园内。”于是那教授说：“我告诉你我要怎么做，比尔，我将向美式足球教练推荐，由你担任防守的中卫位置，你看如何？”他终于懂了。如今唯一欣赏卓越的地方，就只剩下在运动场上了。

大约在 18 世纪时，语言学家发现横跨印度到爱尔兰这一整块领域内，几乎所有的语言都属于印欧语系。他们当时尚不知道有古代文明(那时，美索不达米亚地区以及埃及文明尚未被发掘)，不过希腊、罗马及欧洲文明很明显地都来自印欧民族的脉动。因此，某位法国人提出了“统治民族”(master race)[①] 的概念。后来希特勒提

① 也被译为“优等民族”。——编者注

出雅利安人（Aryan）[①] 至上论也和统治民族这个观点有关。它实际上和主人道德或奴隶道德毫不相干。不过很不幸的是，希特勒用了尼采的话；而尼采绝对是鄙视反犹太人主义（anti-Semitism）及国家观念的。事实上，尼采说："新的偶像就是国家。"那就是希特勒所代表的。他是一个可恶的小人，他的概念绝不是尼采的。

用心理学诠释神明

> 所有存在的最重要的基底，乃是此生的开始与结束。

心理学是一种诠释的手段，一种诠释现下究竟怎么回事的方法。你要把它解释成某个天上具体神明的杰作吗？这个具体的神明是真实的吗？它是怎么到那儿的呢？这个神明必须用心理学的方式来诠释，这样我们才会了解我们所谈论的并不是"外在于彼"，而是"内化于此"。

对我而言，观看阿波罗太空船登陆月球的电视转播，是一次令我震惊的经历，相信其他同时观看的人一定也有同感。就在阿姆斯特朗踏上月球表面之前，休斯顿的地面控制中心问："现在是谁在驾驶航天飞船？"传回地球的答案却是："牛顿！"

这让我想起康德在他《未来形而上学导论》（*Prolegomena to Any Future Metaphysic*）一书中对空间问题的讨论。他问："我们如何能在这个空间，在这儿，确知我们所做的判断。在那个空间，在那儿，也同样有效？"

康德对这个问题的回答是，空间法则为心所知，因为它们是属于心的法则。它们是我们与生俱来的内在知识，一种先验的知识，它只有在明显的外在条件下，才能又被带回我们的记忆中……

换言之，我们可以说，就像空间法则存在于我们内心一样，外太空也

① 也就是印欧民族。——译者注

存在于我们心中。外太空和内在空间是相同的。更进一步而言，我们了解人类确实是从空间诞生的，因为银河是从太初的空间成形的，赋予我们人类生命的太阳是其中的一分子。而为人类提供身体物质来源的地球，则是一颗绕着太阳运行的卫星。我们其实是地球的产物。我们就像是地球的器官。我们的双眼就是地球的双眼；我们的知识就是地球的知识。而地球，正如我们现在已知的，乃是空间的产物……

现在我们必须要问，这一切和神话有什么关系呢？很显然的，我们必须对这些说法做出某种修正。

比如，人们一般相信，死后复活的耶稣真的是肉体升上天堂（《路加福音》第 24 章 51 节），随后他的母亲在睡梦中也追随他而去（早期基督教的信仰，在 1950 年 11 月 1 日成为罗马天主教的教义）。同时也有文献记载，大约在公元前 9 世纪，乘坐一辆火战车的希伯来先知以利亚（Elijah），在一阵旋风中被带到天堂去了（《列王纪下》第 2 章 11 节）。

就算是以光速升天（以人类的肉体而言是不可能的），这三位太空旅行者至今也尚未超出银河系。但丁在 1300 年时利用复活节的周末去探访地狱、炼狱及天堂，但那只是精神的旅行，他的身体仍然在地球上。然而，耶稣、玛丽和以利亚三人则宣称肉体升天了。我们今日该怎么看待这一类神话的（也就是隐喻的）民俗观念呢？

很显然的，如果它们能有任何价值（我承认最基本的原始观念必然是像这类故事一样），那么这些肉体所去之处必然不是外太空，而是内在的空间。换句话说，这类隐喻性的旅程所表达的意义，是当肉体尚存时，在精神上回返内心的可能性，以及能否借此完全了解那生命产生和消解奥秘的超越来源。这是神话中一个很老很老的故事了：所有存在的最重要的基础，乃是此生的开始与结束。

摘自坎贝尔《外在空间的内在追寻》
（*The Inner Reaches of Outer Space*）

心理学的极限也就是神学的极限。它们和象征符号所产生的问题有关，而和超越性无关，它们所能达到的距离是一样的。如果你只单纯地把上帝看成一个心理的功能或因素，那么你和上帝是一样的，不多也不少。只要你有“上帝”这个概念，你就被困住了。还记得埃克哈特曾说过：“终极的超越是为上帝而离开上帝。”

令人羞愧的是，我们只有一个词来形容这两个概念。在印度，可用来形容的词汇有好几个——耆婆（jiva）①、真我（Atman）和梵天，而且意义各不相同。我们仅有的一个词——“上帝”，真的是不太恰当。它总是意指某种位格化的神。除非你说的是“女神”，否则它指的就是男性的位格神。我们有限的词汇正是困住、束缚我们的东西。

救 赎

> 每个人都只能过他自己的一生，因此他必须向自己的内在探寻花园的秘密。

对于《圣经》前几个章节的故事，犹太教徒和基督徒在传统上习惯于以字面的意义来理解，仿佛把它们当成是宇宙来源及真实史前事件的可靠叙述。《圣经》认定并教导我们说：世界的创造是非常具体的，由一位只有犹太人知道的神花了7天的时间完成；在这个广大新创世界的某处，曾有一座伊甸园，里面住了一条会说话的蛇；第一个女人夏娃是由第一个男人的肋骨所造；邪恶的蛇告诉她一株上帝禁止他们取食的果树；由于他们吃了那果子，因此人类便“堕落”了，死亡降临在这个世界上，这对男女被逐出了花园。因为在那花园中央有第二株树，树上的果子能带给他们永生；他们的创造者，因为恐惧他们也会摘掉并吃下第二株树的果子，而变得和他一样有知识且不朽，于是便诅咒他们，并在逐出他们之后，在花园门口安排了“天使和一把燃烧的剑，以各种方法保卫通往生命之树的道路”。

摘自《生活的神话》

① 耆婆，印度耆那教根本学说，意指灵魂，为宇宙之生命原理。——译者注

这些天使是重要的象征符号。这座纯真无邪且生命自然流畅的花园，这座处于二元对立知识出现前统一状态的花园，其出口是通往时间与历史二元性的世界。这二元性是由站在门口两旁手持燃烧之剑的天使来象征的——你无法由此通过。我们应如何诠释这些天使和伊甸园呢？

你在日本奈良可以看到大佛像。他坐在花园中不朽之树底下。当你走近寺庙时，你会先碰到前殿门口两尊可怕的守护神。他们就相当于天使。其中一尊的嘴是张开的，另一尊的嘴是闭起来的，即成双的对立。他们一个代表对死亡的恐惧，另一个代表对生命的渴望——这些诱惑都无法影响佛陀。

> 到目前为止，从未有人在尘世发现乐园……因为它是人类心灵的花园。就像《圣经》故事所描绘的，乐园中4条神秘的河流由中央共同的来源流往4个不同的方向，这正是荣格所称的“原型意象”：是普遍出现在梦境神话和仪式中的一种自发性心理象征……就像神祇的意象一样。象征生命来源的中空正方形花园中央，乃是心灵的虚构，而不是粗糙质素的产物，如果向心外寻求，就会迷失了。
>
> 摘自坎贝尔《文学与艺术创作中的神话主题》

是什么将你驱逐在花园之外呢？是你自己的恐惧和欲望，也就是佛陀所超越的。当佛陀不受恐惧和欲望诱惑时，他便通过了门到达不朽之树，也就是他现在坐着，手指向地面的地方。这是救赎。佛陀和耶稣是同等的两个人物。耶稣也通过了考验，并变成了不朽之树的果子，也就是他自己。

受到恐惧和欲望的威胁时，
放下自我。

因此，“救赎”这个观念在基督教和佛教传统中，都和一个人是否通过该层考验有关。在这两个传统中，不论个人是否通过该考验都还是另外的问题。你可以穿过奈良寺庙门口的两尊门神而进入寺庙，然而心中却仍怀着恐惧和欲望，这其实意味着你尚未真正通过考验。你可能认为自己得到了启发，但实际上仍在流放之中。

佛教徒以精神上的转化来解释整个事件。基督徒的解释则是一种欠债和偿还的概念。圣徒保罗传教的对象是一群商人，他们能够以经济学的概念来了解整个奥秘：有了负债，就要偿还对等金额。若负债的数目非常庞大，那么偿还的金额也必须是非常庞大的。这就是银行家的想法。基督教就陷在这个观念里。

我把佛教和基督教看成是对同一件事的两种说法。以佛教的说法，人类迷失在恐惧和欲望的世界，也就是虚幻不实的世界。这就是基督教中的堕落。赎罪是要消除这些恐惧，并体验到永恒的生命。通过耶稣肯定世界并欢愉地参与世间的苦难的行为来体验永生。

佛陀说："不要害怕站在门口的守护神。进来尝尝树上的叶子。"圣餐礼的仪式行为便是品尝花园中第二株树上的果子。叶子象征的是当你得到永生知识时的精神滋养品。有许多方式可以用来诠释这些奥秘，我告诉你们的并非我自创的诠释。

由于在时间的领域中，每个人只能过他自己的一生，因此他必须向自己的内在探寻花园的秘密。

……在黎凡特地区（Levant）[①]，宗教的重点是强调服从，人类对上帝意志的服从，尽管上帝的意志可能是反复无常的。主流的宗教概念认为，神已交付了启示，内容记录在书中，人们要去读它、尊敬它，绝对不可擅自批评它，而要接受它、服从它。对那些不知神意或不服从神意者而言，这本圣典就从他们的创造者中流放出来了。

洛伦·艾斯利（Loren Eisely）[②]

---

① 包括地中海东部附近诸岛及沿岸诸国在内的地区。——译者注

② 洛伦·艾斯利（1907—1977），美国人类学家、教育家、哲学家、自然科学家。——编者注

我们的宗教到底教了我们些什么呢？宗教不是教我们去认同神性体验的道路，因为诚如我们提到过的，那是一种主要的异端邪说，而是让我们去建立、维系与上帝的关系的道路和手段。要如何建立这种关系呢？只有成为某个由超自然能力赋予且特别受其垂爱的社会团体成员才行。

摘自《生活的神话》

建立在特殊关系之上的宗教
乃是一种放逐的宗教。

《圣经·旧约》的神和历史上某个唯一的神圣民族订立了盟约，事实上，它是地球上唯一神圣的民族。个人要如何加入并成为其中一分子呢？这个传统的答案于1970年3月10日才在以色列被进一步确认。要成为这由神话启发建立之国家的完全公民，其首要的先决条件就是，生母为犹太人。

摘自《生活的神话》

我们真正的终极根源
是在我们的人性中，
而不是在个别的血统谱系中。

从基督教的观点来看，要靠什么方法呢？要靠被视为真神和真人的耶稣基督（以基督教的观点而言，这是个奇迹；然而在东方，每个人都被视为是真神和真人，虽然极少数人已对他们自己内在的神奇力量觉醒）之人形化。

坎贝尔语

我们都是基督，
只是不自觉罢了。

在靠狩猎技巧得以生存的部落成员中，个体精神是受到鼓励的，甚至不朽的概念也是属于个人的，而不是集体的。精神事务的领导权主要由部落内的巫师来行使，巫师是因个人体验而具备精神力量的个人。他们不是由社会安置的神职人员，也非通过指定或任命仪式的组织成员。

摘自《东方神话》

最主要的要求是放弃我们的排他性，排他性让我们与他人产生敌对。千百年来，人们一直利用宗教联盟来达到这个目的。马丁·布伯（Martin Buber）[1]曾论及“我—你（I-Thou）和“我—它”（I-It）的关系。把别人看成是“你”，和看成是“它”的自我是不同的。只要我们强调异己或外邦团体，我们就把人变成“它”的关系：异邦人、犹太人、敌人——他们都变成一样了。

图腾的、部落的、种族的以及积极传教的信仰，对于以爱化解仇恨的心理问题而言，都只是提供了部分的解答——它们只是部分启蒙。自我并没有因此消失，反而扩大了：虽然不再想到自己，但个人却完全奉献给他的社会。这时，世界上其他的人（也就是说，到目前为止大多数的人类）都被排除在他的慈悲和保护范围之外，因为他们是在他的神的解释范围之外。于是就像充盈史书的记载一样，爱与恨这两个原则便戏剧化地分裂了。宗教狂热者不去澄清自己的心，反而想要清理这个世界。

如果你执着自己以及自己的传统，
坚信只有你得到“它”才行，
那么你已将自己和
其余的人类隔离。

---

① 马丁·布伯（1878—1965），以色列籍的犹太神学及哲学家。——译者注

愉悦地参与世间的苦难

> 如果你“否定”生命中的每一个细节，
> 你就破坏了一切。
> 你必须“肯定”生命的一切，包括它的毁灭在内。

生命的目标
在于使自己的内心脉动
契合宇宙的脉动，
使自己的本性契合大自然。

佛教的人生目标是要安住在涅槃的生活经验中：“愉悦地参与世间的苦难”，而且要快。在教条式的宗教里，人生的目标有公式化的倾向。伊斯兰教的教名就显示出了这种倾向。“伊斯兰”是“服从”之意，亦即以静默和虔敬之心臣服于上帝的意志。这个教条给予战士无比的勇气和力量——不论被杀与否，他们都是以顺服之心面对自己的命运。事实上，战士无论如何都得那样做。

战士之道，
在于“肯定”生命
“肯定”它的一切。

以历史的行为而言，基督教和伊斯兰教具有同样的特性，他们都要为他们的上帝重塑这个世界。我觉得这点十分令人厌恶，但这是历史能够成为历史的原因，所以你必须“肯定”它。如果你“否定”生命中的每一个细节，你就破坏了一切。你必须“肯定”生命的一切，包括它的毁灭在内。这就是所谓的“愉悦地参与世间的苦难”。它是我生命中小小的主题曲。

爱充满了整个宇宙，
直抵地狱的深渊。

地狱之火

> 如果地狱是荒原，炼狱就成了你远离痛苦之处的旅程。

但丁在《神曲》中揭开的宇宙意象，完全符合当时被接受的宗教及科学观点。撒旦因为自身的傲慢和不服从而被逐出天堂，他本像燃烧的彗星一样，在撞到地球后，会直接贯穿到地球的中心。他在那儿撞开的巨大火山变成了燃烧的地狱火坑，而地球向另一极地挤压变形的一大块混乱地块，则成了炼狱之山（Mountain of Purgatory）。这在但丁的作品中，就是以坐落于正南极，朝向天堂突起的一块地形为代表。

摘自《生活的神话》

但丁甚至视地狱之火
为上帝之爱的展现。

你们将来会听到关于上帝如何创造天使的古老传说，他命令他们只能崇拜他一个人，但是在创造了人以后，他却命令所有的天使都向上帝所造的最尊贵的杰作鞠躬致敬，只有撒旦拒绝这么做——据说，乃是因为他的傲慢。不过，根据穆斯林对撒旦这个个案的研究，他们发现原因在于撒旦对上帝的爱与崇敬非常深刻而强烈，所以他才无法向上帝以外的其他事物鞠躬。正是因为这个缘故，撒旦被抛入地狱，永远待在那里受惩罚，远离他深爱的上帝。

摘自《生活的神话》

撒旦是受伤的自我的缩影。

波斯诗人曾问："支持撒旦的力量是什么？"他们发现的答案是："他记忆中上帝对他说'走开'那句话的声音。"这真是个心灵强烈巨痛的意象，也是爱的狂喜与痛苦。

摘自《生活的神话》

将你置于地狱坑洞的上帝，就像将蜘蛛或某种恶心的虫置于火焰上的人一样，他不但憎恶你，而且已被激怒得非常可怕。他对你的愤怒像火一样燃烧着，他看你的眼光就像你是一文不值，只能被丢到火中一样。他的"纯洁之眼"无法忍受你出现在他的眼前。你在他"眼"中比人类眼中最令人痛恨的毒蛇还要可恶一万倍……因此，你是落在一个愤怒的神手中，使你此刻不致被永恒毁灭吞没的，除了他的"享乐"之外，就再无其他因素了。

爱德华牧师（Pastor Jonathan Edwards）

使罪人免于利箭、洪水及火焰侵害的上帝的"高兴"，用传统基督教的词汇来形容，则是上帝的"慈悲"和"上帝之灵的大能"，人心因而改变，那就是上帝的"恩典"。

在大多数神话中，慈悲与恩典的意象和正义与愤怒的意象同样生动地被表现出来，这样才能维持平衡，而心灵也才得以轻快，不会一直被鞭笞痛苦。当宇宙舞者神湿婆（Shiva）[①]在其皈依者面前跳出宇宙毁灭之舞时，他的手势所表示的意思就是："不要害怕！""不要害怕，因为一切事物皆在上帝那各安其位。"来去无常的各种事物——你的身体便是其一，不过是我手足舞动的吉光片羽罢了。知道我遍于万物之中，你还有什么好怕的呢？

摘自《千面英雄》

① 婆罗门教与印度教三大神之一。——译者注

传奇英雄往往是新事物、新时代、新宗教、新城市、新生活方式的缔造者。他们怀揣着抱负和希望的种子，革故鼎新，踏上追逐梦想的冒险之旅。

——约瑟夫·坎贝尔

湛庐阅读
与最聪明的人共同进化
读一读
湛庐纸书一站买，
全年好书打包订
书城
听一听
泛读、通读、精读，
选取适合你的阅读方式
精读班
一书一课
通识课
扫一扫
买书、听书、讲书、
拆书服务，一键获取
扫一扫
APP获取方式：
安卓用户扫码下载、苹果用户APP Store直接下载
“湛庐阅读”APP，与最聪明的人共同进化！

地狱是个人生命经验的具体呈现，是你被困住的地方，是荒原。在地狱中，你为自己所缚，连神的恩典都无法进入。

地狱的问题是
地狱之火也无法消融你。
但转化之火却可以做到。

火是夜海之旅的象征，也是心中的阴影——压抑的个人生命、历史及创伤的浮现，以及恶魔烧尽的象征。炼狱就是地狱之火转变成洗涤罪恶之火的地方，它烧尽了恐惧的世界，也烧尽了障碍，如此心灵才能敞开。

如果地狱是荒原，炼狱就成了你远离痛苦之处的旅程。你仍然会痛苦，但已开始追寻可能的自觉。不再绝望。世上真的没有你的圣地，也没有救援之地，除非你找到的未来栖身之地不是一块荒原，而是神仙美味之泉。那是来自内在的喜悦。它不是某种把喜悦加在你身上的事物，而是一个能让你体验到自我意志、意愿和希望的地方，你可以在其中具体而微地感受到喜悦。我认为与圣灵对立的原罪便是绝望。圣灵是那启发你去体悟的东西，而绝望则是毫无希望的感觉。那是绝对的地狱。

找到一个有喜悦的地方，
喜悦便会烧尽痛苦。

找到你自己

> 英雄旅程的目标，乃是你自己，找到你自己。

我在华盛顿特区的外事协会（Foreign Service Institute）曾为一群即将前往东方或东南亚就职的政府人员授课，发生了一件有趣的事。小组中有位聪明的黑人，他在维也纳待了三年刚回到美国，又即将到印度去。授课期间，这些小组成员总会邀请我一起到水门饭店内一间很好的餐厅用午餐，有一次，他们让组中这位黑人开车带我过去。

他开着一辆引人注目的跑车，他本人也相当出色。当我们在餐桌前坐下来时，他开口对我说的第一件事就是身为黑人而受到抵制这一类抱怨的话。我当时就想："好啊，我就要让他尝尝这种滋味。我厌倦了种族歧视这一类的东西。"我说："和我认识的黑人相比，你的情况已经很好了，你过的是好日子。每个人总有些不顺的，有些人吸引力不够，偏偏就要在这点上接受考验。有些人是天主教国家中的新教徒，有些人则是新教徒社区中的天主教徒。如果你继续抱怨，把生活中负面的事都归咎于自己是黑人的缘故，你便摒弃了自己人性中拥有的特权。你只是个黑人，而不是个'人'。"后来，组内一大群人也到了，在接下来的用餐时间里，他一直保持沉默。

过了一个月，当我再回去讲课时，报到处的值日官员问我："喂，乔，上次你对那家伙说了些什么啊？"我回答说："哦，没有啊，怎么了？"他说："他买下你写的所有的书，现在正在楼下等着要你在书上签名。我问他为什么要这样时，他说，'坎贝尔教授把我造就成了一个真正的人。'"

这对我而言是件极具意义的教训，它和所有滥好心、假慈悲的事完全不同。我为此感到骄傲。他一直困在自己打造的地狱中——他一直无法超越他头脑中的局限。后来我下了楼，他拿着我所有的书，我一边签名，一边说："这会帮助你记得我。"他回答说："哦，我永远不会忘记你的。"

每次在你做了上述这类事情后，你都会觉得这样做是对的，只要你提供给对方一个可以努力的目标。如果你真的对对方不感兴趣，你大可赞同他们，并敷衍地说："哦，可怜的家伙，我了解，那真是不容易啊！"

不要看说的内容，
而要看是什么在说话，
恶意？无知？傲慢？还是爱？
英雄旅程的目标，
乃是你自己，找到你自己。

大卫之星

在人生的门槛处。

当我们想要自生命中的某个位置移到另一个位置时，会有要去克服的障碍以及要去通过的门槛。六角星，也就是犹太教的大卫之星（Star of David），就是出现在印度昆达利尼瑜伽中第四明点的象征符号。

这两个三角形中，朝上的三角形——你可用“强烈愿望”（aspiration）这个词来形容，是运动原则的象征。而朝下的三角形，则是迟钝的睡眠状态，代表可能的障碍。朝下的三角形可以看成是障碍或是开放的门。当你体认到它在心理上的意义，同时产生心理上的转化时，你便会把障碍看成开放。

因此，你可以采用两种方式来体验朝下的三角形：一是障碍；二是你借此向上攀升的手段。因此，生活中貌似是阻碍的事物，都可以因你认识的转换而得到转化。

这就是印度密宗（Tantra）① 哲学的整体意涵。这一派哲学的修行，是神秘且隐晦的，随着精神上升的阶梯层级渐增，它甚至可以提出最具破坏性和诱惑力的锻炼方式。例如，性的交合一般被认为是偏离正道的主要活动之一，却被该派认为是修炼的正道。还有一种极端是，食尸（necrophagia）。

① 印度佛教史上后期阶段之密教。——译者注

在美国西南部某些印第安人文化中，小丑这个领域的入会仪式之一就是要去吃狗屎。在婆罗门的入会仪式中，也有这种“需要接受最令人厌恶事物”的类似仪式。能够像那样做到的人便超越了成双对立的局限。你可以在某种程度上以极端的方式，去除掉对生活中某些事物的抗拒。但你不需要极端到那种程度。

在基督教诺斯替教派《托马斯福音书》中，耶稣说：“劈开木头，我在那儿。举起石头，我也在那儿。”历史上的耶稣把自己和基督等同。这也就是佛性（Buddha consciousness）。耶稣不是依照他的自我而活，而是依照基督精神而活，亦即来自你内心最深处且普照万物的光辉。

因此，当这个朝下的三角形变成你突破的手段而不是障碍时，你便已通过了这人生的门槛。

在人生的门槛处，
总是险象环生的。
抛掉尘世的躯体，
让心灵进入吧。

你生命中的障碍是什么？你如何将它转化成光辉？问问你自己：“什么是你人生通道上的主要障碍？”在印度，魔鬼乃是你意识展开扩张的真正障碍。妖怪或魔鬼是你尚未表达出来的内在力量，也是你尚未体认到或受到压抑的神祇。无法了解神祇的人会把它看成魔鬼。

“魔鬼”是我们用来形容
其他民族神祇的字眼。

我们所要尝试去做的乃是意识的展开，使知识与爱得以建立在更广阔的地平线上。这是昆达利尼大蛇上升时的情形——身体越来越多的部分充满了光辉和意识。

人生旅程的目标，
在于把自己看成
是一种意识的存在。

乔伊斯在《尤利西斯》中说："如果你能用五根手指贯穿它，那么它即使不是一扇门，也是一个出入口。"一个人面临的困难，可以被视为转化的入口，而不是封闭的门。

当你发现自己被童年时期某个固定的象征所困时，冥思是解决此问题的一套系统化训练。理想化地讲，冥思的功能在于转化已被制约的回应，并传达心灵的信息。

我会做的第一件事是想，那些仍然活跃，仍然以这种方式影响我的象征，究竟是什么呢？象征是什么呢？世界上的象征范畴是很大的。并不是每一个象征系统都会使你苦恼。当你真的找到那困扰你的象征时，就要找出和这个象征意义同等重要的思考和经验模式来。假如你不能找出这个象征所指的意义，你就不可能摆脱它。

如果能在心中找出取代这个象征的经验中心，这个象征便会随之消解。想想看"它隐喻的是什么"。一旦你找到答案，这个象征便失去了困住你的力量，或者它将变成你人生的指引。

这是"去了解、去爱、去奉献"的"了解"部分。如果你不了解象征所指并深受其困扰，你就会被它操控。对此，我非常、非常地确定。

成人要消解这已固定具体化的象征，就需要找出象征所指为何，当你找到时，你就会得到解释。象征因此得到正确的解释，而你也可以愉悦地看待它——把它看成是了解象征隐含信息的指引，而不是路障。这是很重要的一点。

这就是那朝下的三角形。它可以是障碍，也可以是通往体悟的指示。

记在账上

天堂与地狱是心理的定义。

天堂与地狱是心理的定义。天主教对“罪大恶极”的定义可以让你如释重负。天主教徒都知道，必须是很重大的事件，而且完全是由自己意志所产生的行为，才会被定义为罪大恶极，要被贬入地狱。因此，罪大恶极是刻意排斥神恩所赐的天赋，这也象征着魔鬼。你无法向超自然的神恩和上帝之声开放。

故意不遵守仪式律法就是极大的罪恶，但在这种仪式律法的宗教中却有件极怪的事——在冲动中弑母并不会构成极大罪恶，只是小罪，在炼狱中待上 2 000 年便可以偿罪。不过，要是犯了一件极大的罪恶，就注定要下地狱。当教会说在星期五吃肉不再是个极大罪恶时，整个天主教便出现了危机。在天主教徒为数众多的纽约市，曾出现过重大的危机，部分原因是和鱼贩有关。

当象征是以
精神而非具体的方式诠释时，
它们就可以产生启示。

我想谈谈自己和忏悔的关系。小时候跑去忏悔时，我会说：“祝福我，神父，因为我有罪。我曾三次不听妈妈的话，两天早上没有晨祷，还说过一次谎。”神父说：“你不可以再这样了。念我们的天父 5 次，欢呼玛利亚 5 次，你便没事了。”

我一直没有做过任何关于重大罪恶的忏悔。有年夏天，在长岛外海的谢尔特岛（Shelter Island）上，我确实犯了个小罪。那时我 9 岁。岛上有家很棒的五金行叫弗哥森。我仍清楚地记得那家店。我会和母亲去店里买东西，她会说“记在账上”，然后便带着东西走了。

有一天，在和妈妈买东西时，我看中了一把很棒的小刀，它什么功能都有。因此几天后，我独自去店里跟老板说：“我要那把刀。”老板说：“好的，乔。”我说：“记在账上。”他回答说：“没问题。”

我回到家对妈妈说：“看看我捡到的这把小刀。”她说：“你确定这把刀是捡到的？”我说：“没错，没错，是我捡到的。”月底，小刀的账单寄来了，妈妈对我说：“乔，到这儿来，你星期六去教堂时，带着小刀去向艾萨多神父忏悔，然后将小刀交给圣器收藏室。”

那并不是很容易就能做到的。那是对我所犯错误的最严重惩罚。念5次我们的天父、欢呼5次玛利亚，与放弃那把刀是完全不同的事。因此，我去忏悔并试着让神父了解我做了什么。我当时是举行弥撒时辅助神父的男童，就是在仪式中念“错在我，错在我”那些话的人。忏悔日后，我绕到圣器收藏室，将小刀交给神父。神父说：“喔，乔，我不知道事情竟然这么严重。”

成为自己生活的主人

> 当你成为自己生活的主人时，你就成熟了。

罗马天主教忏悔仪式中的宽恕是有条件限制的。神父给予的赦免要视你的决心而定。1

首先，你必须完全悔悟，即你真的要为犯下这罪而感到抱歉。其次，你要下定决心不再犯同一宗罪。这并不是说你不会再犯，而是表示你有诚心绝不再犯同一宗罪。

在亚瑟王的浪漫传奇《追寻圣杯》(*La Questa del St.Graal*)中，所有骑士都出去找寻圣杯，但第一骑士兰斯洛特(Lancelot)看不到圣杯。为什么？因为他犯下和亚瑟之妻格尼维尔(Guinevere)通奸的罪，但真正的原因是他没有真诚地对这段恋情全然悔悟。兰斯洛特从格尼维尔那儿得到的经验，已超越教会所能够提供的启发，他如何能因此悔悟呢？圣杯所代表的，正是这种精神。他不觉得抱歉，也不能下决心结束这段恋情，所以他不配看到圣杯。

圣杯与自然的丰裕，
以及最高的精神体悟，
是完美和谐的，
它是你随意取用
永不枯竭的器皿。

在二元对立的宗教中，
罪和永恒的处罚
来自外在，
来自具统治性的具象之神。

这位骑士犯了极大的罪恶，但是记载这段浪漫传奇的修士，却感受到了兰斯洛特一生的魅力：他是整个故事中最能体现出人性、最感人的角色。这是很讽刺的事。这也就是为什么神父在最后会说“上帝的意旨？我们不知道上帝的意旨，那儿可能有我们一无所知的宽恕吧”的原因。

我将紧握住这违逆上帝的爱，
永远的诅咒，或任何这类的事。
那是真爱。

当我16岁上预科学校，并知道自己逐渐失去孩童时代的信仰时，我仍决心不离开天主教教会，直到自己真正知道为什么要离开。也就是说，直到我能消解这些符号，并知道它们所指和意义为止。整个事件直到我25岁在德国时才告完结。我花了9年的时间将整个事情厘清，然后它就像一件穿破的旧衣服般掉落下来。那就是所谓的了解。如果你不知道符号在向你说些什么，那么它就是一道命令，并且会有越来越多这类的符号挥之不去。如果你无法在这种比较复杂的领域中运用你的心智，我就不知道该如何解决这个问题。

当你成为
自己生活的主人时，
你就成熟了。

上帝的意象

在选择你的神时，你也选择了你自己看待宇宙的方式。

如果其他人都不存在了，上帝能够存在吗？不可能。这就是为什么神祇总是渴望崇拜者的原因。如果没有人崇拜他们，也就没有众神。有多少人在想上帝，就有多少神存在。当马利根太太[①]和教宗同时在思考上帝时，他们想的并不是同一个上帝。

在选择你的神时，你也选择了
你自己看待宇宙的方式。
上帝有很多个。
选择你自己的。

你崇拜的神

① Mrs.Mulligan，《尤利西斯》中人物。——编者注

是你应得的神。

当你说上帝需要人们，而人们需要上帝时，那个被谈论的“上帝”是一个上帝的意象、上帝的概念、上帝的名号、民族的上帝。他是一定需要人类的。如果不是为了人，上帝就是不存在的。

在部落里，神祇是
权力的化身。
后来，
他们成为权力的来源。

世上所有的神明都是
隐喻，而不是权力。

如果上帝这个词具有“妈妈教给我的”以外的任何意思，那么所有对上帝的想象皆应指称那超越所有知识、所有名词、所有形态的事物。因此，这个词所指代的事物必须超越它本身。在西方传统中，上帝概念位格化之深，使你一想到上帝，便困在那个问题中了。

上帝不是幻觉，
而是指向了解赎罪奥秘的、
一个超越它自身的
象征。

荣格在其著作《答约伯》(*Answer to Job*)一书中，讨论了经过千百年演变出来的上帝意象。我们如何与这个意象发生关联？《圣经·旧约》中的上帝意象——耶和华，是一个法律制定者，也是个很强势的独裁者，还是个愤怒的父亲。《圣经·旧约·约伯记》中记载的便是这个意象的缩影。

约伯是个老好人，而上帝耶和华向魔鬼撒旦吹嘘说：“你觉得约伯怎么样？他对我有多忠心？有多爱我？”撒旦回答：“没错，你对他一直很好。把情况弄得糟糕些，看他还能维持多久。”耶和华说：“我打赌我会赢。”撒旦也说：“我打赌我会赢。”

吉尔伯特·穆拉利（Gilbert Murray）[①]曾评论说：“这就好像某人说：‘不论我怎么对我的狗，它都不会咬我。’另一个人说：‘我打赌它会。’狗主人说：‘我打赌它不会。’另一个人说：‘试试看，看你能对它多坏，看看它是否仍旧不咬你。’”

情况就是这样，在打赌之后，事情就会变得很艰难。约伯过的是什么日子啊！他的家人被杀，他的财富被夺走，最后只能带着满身的毒疮坐在灰烬堆中，他的朋友们以所谓“安慰者”的姿态进一步烦他说：“你一定是个很坏的家伙，所以才得到这样的报应。”他说：“不，我是好人。”没错，他“是”好人。

因为这项挑战，上帝最后终于必须走到幕前，现身出来。我的意思是，这是个不得了的大事。因此，上帝现身了。他说了什么呢？他说：“你是谁？没有用的小毛毛虫，竟敢质问我？你认为你了解了发生在你身上的这一切事情吗？你能够用鱼叉刺穿海怪的鼻子吗？我能。你试试看啊。”[②]

约伯完全被吓住了。他不敢运用人类的判断能力。他说：“我从前风闻有你，现在亲眼看见你。因此我厌恶自己，在尘土和炉灰中懊悔。”[③]

以它在精神上的真正含义来解读这段话，它的意思是，你不能以别人对你所做的事来评断你的命运。我的意思是，事情的真相是——意象是站不住脚的。当你到达超越位格神的境界时，便无法再说“公平”或“不公平”了。

那些因巨浪侵蚀造成的沿海山崩，以及因此造成的数百万金钱损失，又该怎么

---

① 吉尔伯特·穆拉利（1866—1957），澳洲出身的学者及政治家。——译者注
② 此处并非《圣约·旧约·约伯记》的原文，是作者将内容加工整合了。——编者注
③ 此句援引自《和合本》译文。——编者注

解释呢？如果你把这些大自然的行径看成是某人针对当地居民所做的事，你就把整件事情搞混了。然而，这并不是一般理解《圣约·旧约·约伯记》的方式。它被理解成是对“某人”的臣服。能以这种方式使某人臣服的人，则是非常令人倒胃口的。

事实上，产生于公元前 5 世纪左右的《圣约·旧约·约伯记》，乃是源自大约公元前 1 500 年一本名为《巴比伦约伯》的文献，文中记载了一位供奉诸神并为他们修筑寺庙的国王，却一直为麻风病所苦。他认为是因为为了求得偿还而对神祇崇拜这种功利的行为所致。如果你认为崇拜是一种为某事物赔偿的形式，你就完全搞错了。《圣约·旧约·约伯记》确实破除了这个概念。不过，如果你紧抱住《圣约·旧约·约伯记》中的上帝意象不放，你的想法就需要修正一下了。

因此，基督徒接下来便接受神圣三位一体第二位格（即圣子）成为肉身的观念：他以爱奉献自己给世界，以转化成更高、更具光芒的生命形态。换言之，上帝因成为人形并体验到人的世界而得到抚慰。

然而，我们的朋友荣格说，这也不是正确的答案，因为基督是贞女所生的神圣肉身，因此他其实并不是人，而是神。荣格辩称：“上帝过去想成为人类，现在仍然如此。”因此，他便以神圣三位一体中第三位格的圣灵形式，继续以肉身存在于人类之中。所以，如果你想要在世间看到上帝，就在人类身上体认吧。这便是荣格给约伯答案的精髓：不要再回头埋怨上帝、宇宙或任何这一类的事物。要了解所有有关上帝的概念，都是受到历史因素的限制意象，因为可以体认到的特质，其实是存在于人身上的。

基督的肉身乃是圣灵持续转移到受造物身上的原型（prototype）。

荣格

我在纽约演讲时听众中有一个可爱的少妇。她过去是位修女，在听过我的几场演讲后离开了修道院。那可是我几项不凡的成就之一。我最后一次在纽约演讲时，她也在群众当中。演讲结束后，她走上前来，问说："坎贝尔先生，你认为耶稣是上帝吗？或是上帝的儿子吗？"我回答说："除非我们都是，他才是。""哦！"她说着就离开了。

那就是荣格在《答约伯》一书中所说的，一个想象出来，被称为上帝的存有，实际上乃是人类投射的杰作。因此，从历史的角度而言，上帝的意象确实是某段特定时间内人类情境所反映的意象。

虽然如此，我想大部分的人——除了法国人之外，都把上帝的意象看得太具象。有一项调查问受访者说："你相信上帝吗？你相信地狱吗？"法国人——我想有75%的人，不相信上帝，但却相信有地狱！我很偏爱艾伦·沃茨（Alan Watts）[①]的答案："如果你相信上帝，我不信。如果你不相信，我相信。"

我相信没有人能体验到终极的狂喜，因为那是超越二元对立的。因此，如果有人有这样的体验，那么无论如何都不会有体验的主体存在。荣格对这一点感到极为有趣。他怀疑："如果你超越了主体和客体的对立，那是谁拥有这样的经验呢？"我想除了修道院生活外，个人如果要给自己一个万事万物的基底，就必须了解这类事物乃是隐喻——超越主客体和所有二元对立的奥秘，乃是承载我们生命之基底的奥秘。

当物理学家探索到原子的深处或太空的外缘时，荣格发现了科学家尚不能穿破的二元对立及奥秘。当科学有更进一步的突破时，它仍然是个谜。科学家已经发现许多的次原子粒子。其中一个依照乔伊斯的"夸克"（quark）来命名。对我而言，这似乎是人类探索奥秘的极致。知道有个超越界的存在，但却不费心忧虑它，只是亲证它无所不在的光辉。

---

① 艾伦·沃茨（1915—1976），英国哲学家、作家，著明《哲学之道》（*The Tao of philosophy*）。——编者注

钉上十字架

他走上十字架而死，就是愉悦地肯定了这个世界的苦难。

人们知道有促进精神发展的方法，但教会并没有帮助我们做到，因为它把隐喻的事件当作历史事实来谈论。教宗现在头痛了，因为再也没有人相信教会的说法。谁相信处女生子？处女生子是一种隐喻的表达，基督升天也是一样的。当然，我能够相信耶稣升天这回事，但我已经把外在的天空转换为内在的空间：他进了天堂所在的地方——就在心里面。他的升天代表了内在和神话的旅程。而处女生子所指的，便是人类精神生活的诞生。

……降临在灵魂内的这个诞生，和降临在永恒中的诞生完全一样，不多也不少，因为它是同样的诞生——这个诞生降临在灵魂的基底和精髓中。上帝是万物之内的存在、活动与力量。不过，由于他只有在灵魂中才能繁衍，因此尽管每个受造物都是上帝的痕迹，也只有灵魂才是上帝的自然意象……当如此的完美进入灵魂时，不论是圣光、恩典或喜悦，都必须在此诞生中进入灵魂，别无他途。你要全心全意地在你心中孕育这一诞生，你将体验到所有的一切都是良善、愉快、幸福、存在和真实。而由此带给你的，便是真实的存在和稳定。无论你向外追寻或掌握住什么，它都会消灭，要从你内心的意志上去体验它。

埃克哈特语，摘自坎贝尔《西方神话》

生命的源泉是个人的核心，并可以在自己的内心中发现它——如果他能撕掉外在的伪装。

摘自《千面英雄》

认为“将来其他星球的友善生物或力量会神圣地造访地球，并帮助和解救我们”的概念，显然是对宇宙过时的看法。荣格写道，有关于不明飞行物的当代神话说明了人类不切实际的期望。人们寻求来自外在世界的访客，因为人们认为人类的救赎会来自那儿。然而，太空时代提醒了我们，外太空之旅反而使我们转向自己的内在空间。神的天国在我们的内在，但是我们却有神会由“外边那儿”行动的概念。

天父的国不是
经由期待而来。

我们要在自己的心中实现它。

天国就在这里。

我们看着世界
便看到光辉。

耶稣复活的启示就在这儿。
我们不需要等待
奇迹的发生。

耶稣再生或复活的基本要素总归是十字架上的受难。如果你想要复活，就必须先被钉到十字架上。许多对耶稣被钉在十字架上的诠释，都没有强调这一层关系，反而强调了这个事件的灾难性。如果你强调的是灾难性,你就是在找一个责难的对象，这也就是人们责备犹太人的原因。不过，如果被钉上十字架会带来新生，那它就不是个大灾难。由于耶稣被钉上十字架，我们才得以脱壳而出，才能复活再生。这不是个大灾难。因此，如果要合理解读这个事件的象征意义，我们就必须采取一个全新的观点来看待它。

如果我们只以历史的观念来思考耶稣被钉上十字架的事件，便失去了这个象征能直接为我们带来的参考价值。耶稣把他必朽的身体留在代表地球的十字架上，而走向和他同为一体的天父。同样，我们要去认同自己内在的永恒生命。这个象征同时告诉我们，上帝是愿意接受十字架的，他是愿意在世上参与人生种种的审判和苦难的，这样他才能经由狂喜和愉悦，而非堕落或错误的方式，在此永存我们心中。因此，十字架具有双重意义：第一，我们走向神；第二，神走向我们。那是一种真正的“交流”。

在基督教的传统中，耶稣被钉上十字架是个重大的问题：为什么救世主不单纯现身就好了？为什么他必须被钉上十字架？

有多种神学解释流传下来，但我认为最贴切解释是在《圣约·新约·腓立比书》中，保罗在第二章中写道，基督并不认为神性应该是被执着对待——换言之，你也不应紧握不放，而应该放松，耶稣以仆人之身出现，甚至走上十字架而死。这就是愉悦地肯定了这个世界的苦难。因此，仿效基督便是参与这个世界的愉悦和苦难，并同时不断地从中亲证神灵呈现的光辉。这是位于心的明点的功能，也就是两个正反三角形交会之处。

这就是我对基督上十字架事件的了解。在我读过的所有诠释中，只有上述这个观点可以称得上是可敬的诠释。其他的诠释都和一位必须牺牲儿子才能被安抚的愤怒神祇有关。你对于这种事情有何感想呢？这是把牺牲变成一种极粗糙意象的诠释。把上帝看成必须安抚的实体的观念，真是一种不合适的具象表达。

基督被钉上十字架
他走向天父、圣灵，
并不是
不应发生的事件。

它必须发生。

英雄的死亡与复活
是抛去旧生活
并迈向新生
的典范。

不是动物世界，不是植物世界，也不是天体的奇迹，人类本身才是重大的奥秘。人类就是那神秘力量的呈现，自我中心的力量必须与他妥协，自我也因为他而被钉死在十字架上，然后复活。而以他的意象，社会才得以改造。然而，这里的“人”不应被理解成“我”，而是“你”，因为没有哪个部落、种族、洲际、社会阶级或世纪的理想和世俗机构，可以度量存在于我们所有人生命中，无可穷尽且千变万化的美妙神圣存在。

坎贝尔语

脱离枷锁

我们被召唤离开老传统对我们的束缚。

复活节与逾越节[①]的渊源相同，其最主要的真理是，我们全被召唤离开枷锁之屋，就像犹太人被召唤走出他们在埃及的束缚一样。我们被召唤离开老传统对我们的束缚，其方式正如月亮摆脱自己的阴影再度升起新月一样，也正如生命摆脱死亡的阴影一样。除非它们能将我们从赋予我们这些节庆的传统中释放出来，否则，复活节便不是复活节，逾越节也非逾越节了。

复活节与逾越节
使我们能在自己内心经验到
脱离枷锁的呼唤。

① 逾越节，是犹太教的主要节日之一。——编者注

因此，去体会它们
并不会破坏
我们的宗教传统。

以超越的精神意义
来了解这些象征，
使我们能够以全新的观点看待自己的传统
并重新拥有它们。

复活节和逾越节是我们在太空时代所面对的主要象征。我们还要同时面对神秘和社会性的挑战，因为我们的宇宙概念已经因为自己的太空经验而重组过了。结果是，我们不再能对人类相信地球中心说时期所形成的宗教象征抱残守缺了。

把精神性的神话象征
当成是历史事件的指涉
来解读，
乃是一种误解。

神的天国在我们心中

> 太空中没有界限，我们的经验也没有界限。

神的天国在我们的内心中。复活节和逾越节提醒我们必须要放下才能进入神的天国。太空时代要求我们改变对自己的观点，但我们却紧抓住它们不放。这就是为什么当前旧式的正统教义派在这么多区域复苏的缘故。太空中没有界限，我们的经验也没有界限。我们不能再像过去一样执着于自己或是自己的族群不放。太空时代使这点成为可能，但人们拒绝这项要求或不愿意去想它。因此，他们又退回到唯一真实的教会、黑色的力量、工会或资本主义的阶级中。

复活节和逾越节提供了完美的象征，因为这两个节日代表的是我们被召唤至新的生命中。这个新生命的定义界定得不是很清楚，因此人们会紧握着过去不放。要通往这新生的旅程，这我们每个人都必须经历的旅程，除非我们放弃过去，否则便无法完成。生活在太空中的真实，意味着我们的新生，不是再度诞生到古时的宗教中，而是诞生到事物的新秩序中。在那儿，一切都没有界限。那便是太空时代的意义。我们正以自由落体的运动方式坠入神秘的未来。它是非常流动的，也是使很多人不安的地方。你唯一需要做的便是知道如何使用降落伞。

圣奥古斯丁说，耶稣走向十字架就像新郎走向他的新娘一样。这是一种肯定。在马德里的普拉多（Prado）博物馆，保存了一幅提香[①]的作品，画的是昔兰尼[②]的西蒙[③]，心甘情愿地帮耶稣抬十字架的情形。这幅画捕捉到一种我们在复活节以及逾越节奥秘中，都应具有的自由、人性而主动的精神。那是我们都要面对的挑战。求生存只是生命中次要的法则。首要法则是，你和他人是一体的。

世界末日

> 天国不因期待而降临。

在《圣经·新约·马可福音》第13章中，耶稣说世界末日即将到来。他把它描述成一场可怕的大火危机，以及其他种种可怕的事情。根据天主教教会的说法，耶稣所说的，是将会发生的历史事件。而在《马可福音》第13章30节中，耶稣说："我实在告诉你们，这个世代没有过去，这些事都要成就。"不过，那一代确实已

① Tiziano Vecellio（约1477—1576），意大利画家。——译者注
② Cyrene 希腊古城，位于北非。——译者注
③ Simon，耶稣十二门徒之一。——译者注

过去了。但世界末日却没有发生，因此它通常被称为“伟大的平安无事”（the great nonevent）。它并没有发生。天主教教会因此说，当耶稣用“这一代”这个字眼时，他的意思是这一代的人类，所以这个事件尚未发生。

在《托马斯福音书》中，当使徒问说“天国什么时候降临”时，耶稣回答：“天国不因期待而降临。它们不会说‘在这里，在那里’。天父的国遍布尘世，只是人们看不到而已。”这就是诺斯替教派的主张。

诺斯替教派相当于
西方的佛教。

换言之，托马斯是说，你现在就可能得到启示。它就在这里。因此，“和上帝在天堂永远快乐地一起生活”这句话的意思是说，立刻达到那样的心灵深度。这是一种完全不同的看待事情的方式。

如果你以诺斯替教派的观点
解读基督教的神话，
它们便具有普遍的意义。

然而，因为天主教教会坚持天父之国的降临乃是一个历史事件，所以每隔一段时间，特别是每隔千年时，人们就会认为世界末日要来了。以公元 1000 年为例，人们认为世界末日要来了，因此富人们便将他们的财产捐给教会以换取功绩。现在法国法院中仍有要把那些财产要回去的案例。如今，第二个千年又要到了[①]，所以大家又在期待另一次大毁灭。这些期待是自动产生的。不管怎样，人们总有办法想象世界末日的来临。我不知道公元 3000 年时的状况会怎样，如果你们之中有人在未来转世时刚好碰到了，那么你可以预期那将会是一件令人焦虑的事。

---

① 由于坎贝尔的研究于 20 世纪 80 年代展开，本书成于 20 世纪 90 年代，故称“第二个千年又要到了”。——编者注

要知道，基督教诞生在一个焦虑的年代。就在基督纪元的前几世纪，黎凡特地区动荡不安。希腊文化的国家逐渐瓦解，罗马帝国正在崛起，而犹太社区则处于极糟情况。

公元前 167 年，叙利亚的塞琉古帝国（Sdeleucid）总督安提阿古四世（Antiochus IV Epiphanes）在耶路撒冷神庙广场的犹太祭坛上，安置了一座希腊祭坛。安提阿古四世希望借由在犹太神庙建筑内建立一座希腊的神殿，以显示这个宗教乃是所有宗教信仰变化出来的一支。错了，大人！相反，犹大·马加比（Judas Maccabeus）和他的兄弟们却杀了负责建构希腊神殿的行政长官。当时的马卡比族革命暴动导致了由马卡比祭司—国王继承统治之独立犹太国达近千年之久。

> 在马卡比时代，耶路撒冷的希腊教派领袖属于撒都该人（sadducees）[1]。他们中间有自称是祭司长老扎多克（Zadoc，优于撒都该教教徒）后代的神圣世家，而这些人主要受到法利赛人，或称为独立派人士的反对，他们自认是较严格的正统派。然而，他们其实是结合了古希伯来传统中的耶和华降临日（a Day of Yahweh），以及袄教末世说的世界末日概念。
>
> 摘自《西方神话》

在那段时期，彼此相互残杀的冲突继续不断，而在公元前 104 年，当犹太王阿里斯托布鲁斯（Aristobulus）宣称自己本质上也是弥赛亚时，情况变得更加严重。这真是异端邪说！虽然他只掌权一年，但他的儿子亚历山大·詹尼亚斯（Alexander Jannaeus）继承王位之后，却打了 30 年的仗，并引进外籍兵团镇压所有的犹太人暴乱。

> 随着（他的）死去，法利赛人在公元前 76 年时掌握了权力，互相残杀的情况没有停止，只是昔日的叛乱者变成了镇压者而已。新的肃清、兄弟

① 撒都该人，又被译为撒杜塞人，古代犹太教的一派，不信死者的复活或天使灵魂的存在，并反对遵行传统律法。——译者注

相残、叛变、清算及异象等，使得王国持续动荡不安，这种疯狂状态持续了 10 年，直到庞培的罗马军团由当时争夺王位的两兄弟之一引入，以协助其获得权位时为止。就这样，上帝之城耶路撒冷便在公元前 63 年时，划归罗马帝国的疆域。

摘自《西方神话》

那是犹太历史中最奇异的一段时期。在这些动乱中，至少有爱色尼教信徒[①]认为世界末日要来临。因此，他们便到了死海西北角靠近古姆兰（Qumran）谷地的地方，建了一座修道院，在那儿严格地训练，以便在弥赛亚出现的最终时刻存活下来。我们从沙漠洞穴及岩石裂缝中发现的《死海古卷》[②]中得知爱色尼教徒社区的存在。这些奇异的文件展现出了非常强烈的祆教影响色彩，甚至有部分词汇也是祆教的用法。例如，其中有一幅卷轴就为“光明之子”与“黑暗之子”间长达 40 年的毁灭性的战争，预先制作了详细的计划。

在这种背景下，就在公元前 1 世纪时，施洗约翰开始在库姆兰社区以北几公里的地方为群众施行洗礼。洗礼乃是库姆兰地区的一种仪式，但约翰并不是穿白袍子的爱色尼教信徒，因为他穿兽皮、吃蚱蜢和野蜂蜜。福音书记载了耶稣到了那儿，约翰为他受洗，随后他进入旷野去获取自己的体验，这就是所谓的“旷野的试探”。在旷野待了 40 天之后——40 天是比拟希伯来的 40 年，他回来并开始教化众人。这就是耶稣故事真正的开始。

这与佛陀的故事并没有什么不同，佛陀也是出去随当时的主要导师学习，在修行的严峻程度上更超越他们，然后达到明觉，再返回世间。此事真实与否是个问题，但某位精神导师超越所有导师的神话，乃是一个基本主题。

耶稣如何看待自己，我们无从得知，因为他并没有写下只字片语。他谈论的内

---

① Essenes 或称“艾塞尼派”，是古犹太的禁欲、神秘主义宗派信徒。——译者注

② *Dead Sea Scrolls*，又称《死海经卷》、《死海书卷》、《死海文书》，是目前最古老的希伯来文《圣经》抄本，是研究基督教发展史的文献资料。——编者注

容有时似乎是把自己看成希腊神秘故事中死而复活的神——死于今日，生于明日。我们对他知道得太少了，我们所知道的都来自“四福音书”[①]，但“四福音书”不但写下的日期不同，内容也非常不同。举例来说，如果你们去看《圣经》，那么处女生子的主题只能在《圣经·路加福音》中找到，而路加是位希腊人。在《圣经·马太福音》和《圣经·马可福音》中，耶稣的家谱自大卫以下的贵族血统详细记载，但却不是终结于玛丽，而是约瑟夫。尽管我们不知道耶稣的诞生日——事实上，除了《圣经·路加福音》中所记载的，我们什么都不知道，如果耶稣死了，他可能死于公元30年左右。“四福音书”是很奇怪的，它们互不相同。因为4个人写了4部福音，所以他们写了4个不同的故事。

路加似乎同保罗一起旅行过，而最早有关耶稣的记载都是出自从未见过耶稣的保罗之手。事实上，保罗是杀死第一位基督教殉道者圣史蒂芬（St.Stephen）的犹太狂徒之一——附带提一下，这也是乔伊斯作品中的主角迪达勒斯（Stephen Dedalus）名字的典故。就在这事件发生之后没多久，保罗在前往大马士革的路上改信了基督教：他眼前见到一个心象，就从马上跌下去，于是“基督教就建立了”。看来，保罗这个会写优美希腊文的犹太人，似乎在犹太教的一神文化和非二元的希腊传统间感到痛苦。因此，我对保罗改变信仰的看法是，他体认到这位年轻、有灵性犹太教士的灾难性残杀事件，可以被解读成希腊神秘英雄死亡与复生的具体表现。

神圣的空间

> 神圣空间，是一个你能一次又一次找到自己的地方。

一神论是上帝的具象化，但上帝这个奥秘却是无法具象化的，救世主的奥秘在

① “四福音书”是分别由耶稣基督的门徒马太（玛窦）、约翰（若望）以及彼得（伯铎）的门徒马可（马尔谷）和保罗（保禄）的门徒路加写的四部介绍耶稣生平事迹的书。包括《马太福音》、《马可福音》、《路加福音》、《约翰福音》，是《圣经·新约全书》的一部分。——编者注

耶稣身上的具象化，也是同样的道理。因此，上帝被具象化了，救世主被具象化了，世界末日也被具象化了，基督教于是失去了隐喻的观点。不过，如果你将历史“事实”解读成隐喻，你将在基督教中发现成堆的具有心理学意义的象征，它们基本上没有问题，直到被具象化为止。

具象化的方法在教导不懂隐喻的小孩子时是可以用的。像这类的事务，他们会倾向于以具象的方式来了解。当个人发展到某个时候，这些孩童时代的具象化倾向必然要加以引申。你可能会去除它们，因为以具象化方式了解的象征已深植在你内心中。不过，它们已经被内化，无法就这样去除掉，它们必须重新加以解读。我知道，在 25 岁之前，我都是以具象化方式来理解基督教的。不过我必须承认，我很感激自己曾置身于如此丰富的象征系统中。

然而，放弃这个宗教并超越它，你也能得到某种伟大的力量——我的意思是，如果你真的这么做的话。如果你只是“退出”，那就又是另外一回事了。不过，如果你把它想透彻了——如果你学习以隐喻的方式解读象征，而不是把它们当成是事实来接受，换言之，如果你知道自己为什么要退出，它便能够成为伟大力量的源泉。当你真的离开宗教时，你就必须设立自己的神圣场所。

当我仍在读天主教教会学校时，一年中有一个礼拜的时间，我们全都不用念书，只要去听一些这样的布道：有的布道就像乔伊斯在《一个青年艺术家的画像》一书中所详述的那种地狱的布道；有的则是关于圣餐礼意义之类的主题。这些被他们称为“退省”（retreat）活动的目的，是要把我们从俗世中移出来，放置到神圣的空间中。这类活动是教会创造神圣空间的例子，但那是教会依据“它的”规划设立的神圣空间。如果教会是你紧握的线索，如果那是带你到达喜悦之地的事物，那么这条途径就可以避免你要自己去找出这个场所的问题。不过，另一种方式是拥有自己的小神龛，也就是属于你自己的、摒除一切的神圣空间。

凡是为远离日常生活系统而设的任何空间，都是神圣空间。在世俗的系统中，个人关心的全是二元对立的事物——原因与结果，得与失等。神圣空间在谋生或赢得声誉等方面是毫无功能的，“实用”并不是神圣空间的主要特色。在你神圣空间内的每件事物都与你生活的和谐密切相关；在你的神圣空间内，事物是依据“你的”动能来运作，而不是其他人的动能。

神圣空间，
是一个你能一次又一次
找到自己的地方。

你真的无法拥有一个神圣空间、一个救援之地，除非你能找到一个不是荒原的地方，一个有神馔美味泉源的行动领域——一种来自内在的愉悦，而不是把愉悦放在你身上的外来事物，一个让你体验到你的意志、意愿和希望，以致天国都能具体而微地呈现出来的地方。我认为，不论人们是否知道，每个人都需要一个这样的地方。

以游戏的心情去完成

每一件事都是当下这一刻。

神圣的空间、神圣的时间，以及有某些令人愉悦的事可做，就是我们所需的全部。这样，几乎所有的事物都能成为持续渐增的喜悦。

你必须做事，
以游戏的心情去完成。

我觉得，把神圣空间想象成一个游乐场，就是个好方法。如果你所从事的工作像是在玩游戏，那就对了。不过，你不能玩我的玩具，你必须有你自己的玩具。你的生活应该可以产生一些玩具来。老年人是以生命的经验与体会，或是他们引以为乐的想法为游戏。以我自己为例，我爱读那些不会得到什么结论的书。

年纪老大的好处之一是，
没有事情
会引出其他事来。
每件事都是当下这一刻的。

当荣格决定试着去发现他生活所依赖的神话时，他问自己："我小时候喜欢的是什么游戏？"答案是用石头堆成小城镇和街道。因此，他便买了一块土地，并以游戏的心态，开始盖一座房子。盖房子要下很大工夫，绝对没有必要，因为他那时已有房子可住，但这却是创造神圣空间的适当方式。他这么做，纯粹是游戏。

你小时候所做的事中，
那创造出无时间感，
那使你忘记时间存在的事是什么呢？

生活所依赖的神话就在其中。

你喜欢做什么？你学会做什么？荣格是个高大强壮的男人，他喜欢堆石头，结果那就是他做的事。我打赌如果你在记忆中往回搜寻，你将会在自己现有的神圣空间以及孩童时期非常特别的地方之间找到关联。

身为成人，
你必须重新发掘出
你生命的动力。

紧张，缺乏真诚，
以及不真实感，
乃是因为你遵循了
生命中错误的力量。

以我自己的情况为例，我在 11 岁到 15 岁间，迷上了美国印第安土著。家人为我买了《帕克曼全集》(*The Complete Works of Parkman*)，民族人类中心（Bureau of Ethnology）所出的报告，还有其他有关该主题的书。我有个很好的小图书馆，里面有用美丽的青铜印第安人头做的书夹，还有纳瓦霍印第安人的地毯等。后来，房子被大火烧毁。那是我们家经历过的一次可怕的危机。祖母死于火中，我的所有东西也都付之一炬。

我现在体认到我为自己创造的神圣空间，也就是我写作的房间，真的是我孩童时期那个空间的重新塑造——你也可称之为"重新启动"。当我进入房间写作时，环绕着我的是曾帮助我找到方向的书，我也回想起读到某些别具见地作品的时刻。当坐下来写作时，我特别注意一些仪式上的小细节——笔记本和铅笔所放的位置等这一类的事，这样，每一样东西才和我记忆中的情况一模一样。是这种种的"设定"使我得到解放。而且因为某个空间和某种成就相关，所以它会再次激发出同样的成就。不过，成就本身乃是游戏。

工作始于
你不喜欢
目前所做之事时。

如果你的生命不是游戏，或是你虽投入游戏中却不觉得好玩，那就不要玩嘛！神圣空间的精神乃是婆娑起舞的大自在神湿婆。所有的责任都被抛掉。要做到抛掉责任有许多方法。怎么做到的并不重要。抛掉后剩下来的便是游戏。

任何执着于感官和世俗事务的人……都是活在无知中的人，并将被代表他热情的蛇吞噬掉。

黑麋鹿（Black Eck）[①]语

神圣空间是紧紧地密封起来的、与尘世隔绝的地方。当你身处这样的地方时，外界的干扰无法穿透其围篱，你处于一个不受当日或当时刺激干扰的永恒区域中。这就是你静坐要达到的目的——将自己密封起来。静坐时的姿势是一种密封的姿势，而规律化的呼吸则进一步开发你内在的探险。世界被隔绝开来，你则成为一个自给自足的实体。

你必须在任何你需要的时候，都能提供自己这类封闭自己的活动：一周一次，每天一次，或每小时一次。这样做有什么价值呢？如果你想要有内在生活，这样做就是绝对必要的。它提供的是你内在的永恒，从时间领域中暂时抽离出来的间隔。我们前面提到上帝使我们在“外面那儿”的“尘世中去了解他，爱和服侍”，同时“在自己内心”紧密封闭的神圣空间中，“和他在天堂永远快乐地一起生活”。你越能进入其中，便越能感到平静，不论发生什么事都一样。

我刚才所想的就是要达到造访圣杯古堡的目的，你必须为自己设定那种条件，因为圣杯古堡就是那神圣的空间——那是与现象经验领域无关，而与你内在生活领域有关的地方。按照日常生活的轨迹，你是无法到达那里的。要造访圣杯古堡，你就必须拥有神圣的空间。一旦找到自己神圣空间内的关联，你或许就可以将它转换为生活中的其他部分。不过，你必须先拥有一口可以深入地下的小油井才行。

生活在神圣的空间中，
便是生活在一个象征的环境中，
它使精神生活成为可能，

① 黑麋鹿（1863—1950），北印第安奥格拉拉（Ogalala）苏族人，身兼猎人、战士、巫医及先知等角色。——编者注

它使你四周的事物
诉说着心灵的激动。

神圣空间无所不在

一旦你有了自己的神圣空间，就可以把任何场所都变成你自己的神圣空间。

过去10年，我曾到过许多地方。每当我到一个陌生的地方，我偏好的旅馆房间都是完全无须预约、不受拘束的房间，是只有基本配备的，类似假日旅馆的那种房间。我打开旅行箱，把书放在桌上，把衣服挂在衣架上，就打点好了：约瑟夫·坎贝尔在这儿，他的书也在这儿——我在这世上还需要什么呢？一旦你有了自己的神圣空间，就可以把任何场所都变成你自己的神圣空间。不过，你只有在经由冥思训练或对神圣空间有所体认，从而学习到什么是圣洁之后，才可以说神圣空间无所不在。它与事物的关联乃是隐喻性的。

在神圣空间中，
每件事物都被安排好了，
因此环境
就成了一个隐喻。

在印度，我见过只用红色圆圈围着一根棍子或一颗石头，就形成了具有隐喻性环境特质的神圣空间。当你注视着那棍子或石块时，你看到的是梵天的化现，或是宇宙奥秘的具体展现。

神圣空间乃是透视超越界的一种空间，而在这个房间内的每件事物都形成了静坐冥思的基础。在此，我特别想到的是那些由一片大墙环绕着的印度庙宇——当你穿过大门进入寺内，那房间内的每件事物都具有象征意义，整个世界都被神话化了。

人类有迹可循的最早的神圣空间，可能是尼安德特人①的小神庙，里面有洞穴大熊的头骨，还有点燃的火光以制造一点气氛。第一处真正的神圣空间则可能是公元前3万年在法国南部和西班牙北部的洞穴。当你进入那些洞穴时，你处在一个神奇的神圣空间中，你的意识状态因此也被转化了。我记得自己曾进入拉斯科（Lascaux）的一个大洞穴②。那真是棒极了。那里的世界就像原始世界一般。地面上的动物就是依画在洞穴墙上的动物而设的。你不会想离开那个地方。那儿庄严、神奇的一切，不知怎么的就把你带入自己内心深处。一旦你可以达到那个境界，神圣的空间就无所不在了。

我到过几个这样的地方，在那儿，我总是想着："突破是有可能的。这是可让我修炼到自己要去之处的地方。"这就是礼拜仪式的全部意义。礼拜仪式本身便是神圣空间。不过，如果你困在其中——如果你想"倘若我不在这里，就什么地方也到不了"，那就太糟糕了。你还在修炼阶段。

觉悟的边缘

让世界保持它的原状，学习破浪前进。

当我在印度时，我想参见一位真正一流的大师，我不要再去听一些有关"人生如幻"（maya）的陈腔滥调，以及为何必须放下尘世等这类的教训。这些话我已经

① Neanderthal 简称尼人，也被译为尼安德塔人，是距今大约20万至3万年，生活在欧洲、近东和中亚地区的古人类，常作为人类进化史中间阶段的代表性居群的通称。他们是现代欧洲人祖先的近亲。——编者注

② 拉斯科洞窟位于法国多尔多涅省蒙尼克镇附近，是韦泽尔河谷中的一座洞窟。这里是原始人庞大的画廊，洞窟中绝大多数的岩画作品绘于约公元前15000年，被誉为"史前卢浮宫"。——编者注

听了十几二十年了。我当时到处打听、注意，后来我听说印度西南的特里凡得琅（Trivandrum）有个大师，便决定去见他。他密法传承的法名为阿特曼安达上师（Sri Atmananda），我现在就这么称呼他。当你接近这样的一位大师时，你必定会碰到一堆怪人。你就是会碰到，这点是毋庸置疑的。不过，我知道如果自己去了，且照规矩行事，我便可见到他。

我住进一间叫做玛斯科特客栈（Mascot Hotel）的古怪小旅馆，那里所有的房间都可以通到同一个阳台。当时天气十分酷热，我就坐在阳台上，一位小伙子不请自来，冒冒失失地就给我看他戴的一只巨大的表，并说："看到吗？我有时针、分针，还有秒针。"我还没来得及反应，他又说："男人也有生理期，就像女人一样，只是男人不知道而已。不过，我已找到了我的生理期，它就清楚地显现在这只表上。"我看看那只表，上面有两个小小的刻度，一边是红白相间，另一边则是黑白相间，还有一根可指向不同方向的小指针。他指着红白刻度那边说："当这根指针在红色那边时，我便在生理期中；当它指向白色这边，生理期便结束了。"随后，他指着另一边的刻度说："我们同时还有心理的周期，我也把它们找出来了。当这根指针在黑色刻度，而那根指针指向红色那边，我便待在家里不出门。"你能想象得出，他要花多少钱才能做出那只表来。

那天晚上在餐厅，我看到一对男女，状似正在祈祷的半透明螳螂。他们坐在房间的另一端，两人中间的桌上则有一个装满食物的高瓶子，他们用手把食物拿出来吃。稍后，我结识了这位男士，并得知他是国际素食协会的总裁，来到印度改革素食主义，他说印度人"对素食主义一无所知"！我们旁边那一桌的两位男士正在交谈，我听到他们提到"亚瑟·格雷戈尔"（Arthur Gregor）这个名字。我正巧知道有一位年轻的美国诗人叫这个名字，还知道他也在印度，因此我问道："打扰了，我好像听到你们提到亚瑟·格雷戈尔？"他们说："没错，他正追随阿特曼安达上师。"我说："请代我问候他，我的名字是约瑟夫·坎贝尔。"两天之后，我便应邀去见这位印度导师。如果你正在顺利的坦途上，事情就是这样无往不利——大门便神奇地为你而开。就这样，我到了一间可爱的小屋，门口有一位留着白白长胡子的印度人。他说："上师在楼上。"我走上去到一间阁楼，里面空空荡荡的，除了两张椅子外什么都没有。阿特曼安达上师坐在一张椅子上，我则坐到另一张椅子上，面对着他。那真的是面对面坐着。

他问说："你有问题吗？"我运气真好，后来我才知道，自己当时所问的正好就是阿特曼安达上师问"他的"导师的第一个问题。由于这个缘故，当天我们谈得非常愉快。在交谈结束时，他说他必须下去上课。他送我走，我向他道谢。事先安排好在课上完之后，我和几位课堂上的同学一起到咖啡馆碰面。当我走进去时，他们其中之一说："大师说你在觉悟的边缘了。"为什么？是因为我所问的问题。

我问的问题是："既然万物皆为梵天，那么万物便都是神圣的光辉，我们该如何对无知、残暴或其他事物说'不'呢？"他的答案是："对你和我，我们说'是'。"

打破社会的理想典范
是神秘家的道路。

随后，他给我一个小的问题去思考："两个念头之间的你在哪里？"换言之，你一直在思考，而且有一个自我意象。那么，两个念头之间的你在哪里呢？你是否曾一窥超越你思想的领域——那超越任何你对自己想法的领域？那，正是你所有能量的来源所在。

静坐时，
冥想你自己的神性。

生命的目标在于成为
更崇高事物的工具。

把眼界提高
在成双的二元对立之间，
注视着你在这世界的“演出”。

让世界保持它的原状，
学习破浪前进。

诚如乔伊斯所言，
要在污浊的世界中，
保持“光芒”。

冥想的佛

如果你看到佛陀迎面走来，杀掉他。

佛陀的意象并不是历史上佛陀的图像。我们都是佛的存有物，万物都是佛的存有物。因此，佛陀的意象不可以被具象地理解成是个雕像。它是个冥思的工具，是个要去参透的东西。它支撑你去冥思内在的佛性，而不是去描绘任何“客观存在”的真实佛陀。

神和佛陀在东方，不像西方的耶和华、三位一体或安拉是终极的词汇，而是指向那超越它们自己、遍于我们内心不可名状的终极存在、意识和狂喜。在他们的崇拜中，终极的目标是要使信徒产生一种心理上的转变，方法是把他们的视域从事迁物移的层次转到永恒的层次。通过这种方式，他最后可能在经验中（不单纯只是一种信仰的行为）领会到，自己和眼前所膜拜的神、佛在本质上是一样的。

摘自《野鹅的飞行》

整个天堂的领域
都在我们的心中，但要找到它
我们必须把它和外在事物联系起来。

就是在这样的背景中，有人说："如果你看到佛陀迎面走来，杀掉他。"也就是说，如果你对佛性的概念具体化到那种程度，就去掉这种具体化的做法。你不能对耶稣说同样的话，至少在正统教派内是如此。

你必须杀掉你的神。
如果你要进步，
所有僵化的概念就都必须去掉。

大部分人看到被描绘出来的佛，是所谓的"冥想的佛"，他们从未真正活过。他们代表我们每个人内在佛性的力量，在冥想他们时，你会选择自己的佛，从而由其引导——就像在天主教传统中，你主要的引导者是某位圣徒一样，他代表你可达到的美德和特质。因此，佛的意象不是一张佛的图像，而是协助你冥思自己内在佛性的工具。

整个佛教的发展到了禅，便成了很简洁的表达，不再有意象的存在。禅寺中唯一的一张图像乃是自印度到中国面壁冥思的导师萨提达摩，而这个意象也只不过是提醒你如何冥思罢了。找出自己内在的佛陀是一项困难的修炼，有时候意象是可以帮得上忙的。你们必须知道，佛教不只是精英分子的宗教，还是大众化的宗教。一个大众化的宗教必须提供冥想的基础。因此，佛教有膜拜圣骨的悠久历史。所有这些高大的舍利塔，这些早期佛教世界的纪念建筑物，都是圣骨连叠起来的冢。每个匣里面有一捧骨灰，就像每座天主教堂都应建筑在一副圣骨之上一样。这些都是冥想的基础。

涅槃与轮回

> 除非你达到生命的解脱，否则你不可能真的死去。

佛教思想的两大派别各有其特色。第一派献身于个人解脱的理想，而代表达到这个目的之途径的，便是僧院里的自我清修。第二派思想大约是在公元1世纪或公元2世纪后，于印度北部发展成熟（那时第一派思想早已普遍传播远达印度南方的锡兰岛①）。它提出大众共得解脱的理想，并发展出奉献的修行法，以及普遍的世俗服务。较早的那一派称之为小乘（Hīnayāna），即“较少或较小的（hīna）舟或工具（乘，yāna）”，而第二派称之为大乘（Mahāyāna），即“大的（大，mahāt）舟或工具”，也就是众人共乘的船。

摘自坎贝尔为齐默尔所著《印度哲学》（*Philosophies of India*）一书所写的“编者的话”

在大乘佛教之前，佛陀从未被画成图像。因此，早期在佛塔的佛陀生平绘图里，出现的只有佛陀的象征——他的足印，一支雨伞，还有一面像太阳的圆盘。因为佛陀不受自我中心所限，而与整体的意识一致，所以无法被描绘出来。他就像那已沉落的太阳，而你不会去描绘不存在的事物。正因为这个缘故，早期对佛陀的试炼的描绘中，试炼被具象地诠释成如下的样貌：王座的一边是爱欲之神伽摩（Kama）的众女儿在搔首弄姿，而在另一边是死王魔罗（Mara）的诸恶鬼，但是却没有人坐在王座上。那里根本没有人。他已经不是哪个人格所能描绘的了。

然而，随着大乘佛教的到来，认为区分“涅槃”与“轮回”——也就是“存有的循环”，再生的循环，是一种二元论的概念，而这两者事实上是一件事：涅槃在这儿，就是这样。当意识完全转化时，佛陀的意象便出现了。万物的意象也都出现了，因

① 斯里兰卡的旧称。——编者注

为它们都是佛。

“轮回”这个词是指时间的洪流，以及我们参与酒神节中万物来去过往的时间通道。时间破坏了形态，又产生新的形态，而你就是这些形态中的一个。只要你认同的是自己的身体，你就会想：“喔，老天，就是这样了！”你活过一生——你死了；然后看你这一生是怎么过的，不是上天堂就是下地狱，然后再开始你的下一生。在东方的思想系统中，这都是轮回，存在的循环。涅槃是超越这层的。我们不过是洞穴墙上的影子。他们是从哪里来的呢？

涅槃这个词的意思是“吹灭”，也就是赋予这世界活力的气息，自你身上全然吹灭了。在另一印度哲学耆那教中，涅槃被认为是与死亡等同的。不过，因为印度文化中有再生，所以除非你达到生命的解脱，否则你是不可能真正死去的。

佛陀正是强调“死去”这个心理层面的人。你可以在行动上保持活着的状态，但却从渴望或恐惧你行为后果的困境中脱离出来。这种从自己的生命事件的热情中获得心理解脱出来的状态，便是涅槃。

随着大乘佛教而来的，便是以这两种态度同时看待人生这个事件的体验。所以，你可以在轮回中活着，但行动时却不带激情——这就是“涅槃”。这也是公元前563~483年属后佛教时期之《薄伽梵歌》的概念。

《薄伽梵歌》说：
“进来做你该做的。
不要担心结果。”

体认苦难是人生的本质，
有时间，就有苦难。

我们无法除去世间的苦难，
但可选择愉悦地活着。

观世音菩萨

菩萨自愿回到这个世界来……

菩萨，亦即开悟（bodhi）的化现（sattua），在早期的词汇中一直被用来……指那已在开悟的道路上，但尚未达到开悟的人，亦即尚未成佛的人，或是未来的佛陀。在新的词汇中，这个词用来代表的圣人，是那在有生之年已达觉悟，但拒绝涅槃的好处，宁愿以完美智者的身份驻世，充当世人的灯塔、指引，以及众生慈悲的救主。

摘自《东方神话》

菩萨自愿
回到这个世界来，
尽管明知这里一团乱。
他并非因为“对我是甜美的”
才回到这个世界来。
菩萨
愉悦地参与
世间的苦难。

伟大的大乘佛教菩萨观世音，是大乘佛教发展中最高理想的人格展现。他的传奇故事描述说，他在历经多生，功德彰显的转世后，正要进入涅槃的止息时，一股遍及四处如雷响般的喧嚣声，自世界各地升起。伟大的菩萨知道这是众生——宇宙各界的树木、昆虫、神祇、动物、魔鬼、人类以及大小石块，都因为他即将要离开这个娑婆世界而悲泣。因此，基于他的慈悲，他放弃涅槃的好处。

摘自《印度哲学》

一只耳朵戴着女人的耳环，另一只耳朵戴着男人耳环的观世音菩萨，代表怜悯或慈悲。“观世音菩萨”这个词很难翻译，不过它的大意是“以怜悯之心看待俗世的人”。观世音菩萨常被描绘成一个男人，两侧站着两个称为“多罗”（Tara）的女人，她俩是菩萨慈悲泪水的具象化人格—— 一滴来自左眼，另一滴来自右眼。“多罗”这个词和我们语言中的名词“星辰”（star）以及动词“散布”（to strew）的意思接近。多罗散布怜悯到这个世界，在我看来，这是最可爱的概念之一。

当这个佛教传统传到远东地区，也就是中国和日本时，观世音菩萨女性的那一面被强化了。于是，这位菩萨变成了一位女性，以观音这个人物，或是日本的光世音菩萨（Kwannon）为代表。因为女性形态被认为是比代表纪律的男性形态，更适合代表付出自我、慈悲抚育的人格化现。

> 所有众生的心都是祥和的，因为观世音或光世音菩萨——大能的菩萨，无界限的爱——包容、关怀并驻于所有有情的身心内（毫无例外）。昆虫细致完美的双翅，在时间的流逝中折损了，他会去关怀——他自己既是它们的完美，也是它们的分裂。
>
> 摘自《千面英雄》

在另一个化现的形象中，观世音菩萨被一千只手如光环般围绕着，每一只手掌中都有一个被俗世苦难刺穿的眼睛，就像是耶稣的手被钉子刺穿一样。它们是对等的象征。耶稣是位菩萨。佛教徒能够接受耶稣，但是无法接受“耶稣是神唯一的化身”，以及“他是唯一道路”的说法。

大乘佛教和基督教是同时发展起来的。两个系统是属于同一时期，而且是在被波斯人建造的军事道路隔开 2 414 公里之遥的两地各自发展起来的。

据说，当菩萨在教化众生时，他会以他听众的外在形态现身，但他所传递的信息是指向每个人内在的智慧自性，唤醒它并将它召唤到生命中。

摘自《神话的意象》

内在平静之点

只要你是为了上天堂而活，就不可能找到那平静的地方。

文殊菩萨手中握有一把剑，名为“分别之剑”。这里的“分别”是指分辨必朽与永恒。凡是你看得见的事物都是必朽的。当你看到镜中的自己时，那就是必朽的。永恒乃是你的本来面目。因此，在生活中分辨永恒与必朽，就是这尊菩萨的精义。

剑通常是
消除路障的慈悲手段。

当你渴望或恐惧某件事物时，那就是一种必朽状态。佛陀的三大试炼——欲望、恐惧和责任，就是把你困在时间领域的事物。当你把自己紧紧地密封起来，并能分辨必朽与永恒的差异时，你就会发现内心深处那不变的平静所在，那正是你证悟涅槃之时。那内心深处的平静之点，乃是不会被风波干扰的稳定火焰。

当你找到那内在燃烧的火焰时，当你在运动、弹奏钢琴以及各种形式的演出中行动时，都会有如神助一般。当你在时间领域活动时，若能和那内在的平静之点紧密相连，你的演出就将是非常精湛的。这就是日本武士的行动。那是真正的运动。

如果留心观察职业的马拉松选手你就会发现，他真正关心的不是要展现如何才能跑第一。不论输赢，他都要跑完全程。重要的是比赛本身，而不是输赢。跑马拉松本身就是事件的全部。每个人都是赢家。不论你赢了还是以好成绩入选，那都是次要的事情。这就是没有负担的参与。

不过，如果你失去了那内在的平静之点，你便完全落入俗世中了。举例来说，你以种子选手的身份参加马拉松比赛，心中想着自己必须要赢，但却担心自己可能力有未逮。这么一来，你便无法享受比赛了。尼采说，一个人必须以他四分之三的力量来行动。这就是分别。

你所做的任何事中都有一个平静之点。
当你在那个平静之点时，
你便能有极致的表现。

两个念头之间的你在哪里呢？如果你把自己看成是某个行动，某项成就或失败，那么这些就是念头。那是时间和经验领域的你。另外的你在哪里呢？

如果达到平静之点不是那么困难，就不需要一直讨论它，也不需要各种打坐姿势来帮助你了。当你从盘坐姿势站起来时，你又回到原先的状态。于是，你又盘腿坐下来，看看自己能不能够再回到那儿。那不容易，但却又很容易。这就好像骑脚踏车——你不断地跌下来，直到知道怎么骑为止，之后便再也不会跌下来了。

这是观点的问题。穿越时间领域的能量，就是把它变成所有这些不同形体的同一能量。把自己看成是那唯一的能量，你就同时与那些来去无常的形体没有差别。如果你把这两种模式——和外在事物的关联以及内在的平静之点，或是轮回与涅槃，看成是相互分离的两件事，那就是一种二元对立的态度。不过，当你了解到两者为一时，你便能在参与的同时把握你的平静之点。这是以两种不同方式体验的同一世界。你能够同时体验到两种不同的方式。

印度圣哲罗摩克里希纳奉献的是卡莉女神（Goddess Kali）。“卡莉”这个字的意思是“黑色”，同时也有“时间”的意思，她是所有事物诞生和回归的神秘黑色深渊，那就是卡莉。她的主要意象是在燃烧尸体的火葬场上手舞足蹈的样貌。这就是消解（dissolution）。她在自己的神——湿婆，也就是她的丈夫身上跳舞。你的神是你最后要超越的障碍。

任何观念、任何概念、任何名号，都是最后的障碍。所有宗教组织的传教者都是最后的障碍。我所知道唯一了解这一点的西方导师是埃克哈特，他说：“终极的超越是为上帝而离开上帝。”所有的西方宗教都紧握住上帝这个意象不放，没有一个能超越其上帝。平静之点是超越神的。歌德说：“凡是暂有的事物都只是象征。”尼采则说：“凡是永恒的事物都只是隐喻。”他们说的是同一件事。这里的“每件事物”包括上帝、天堂、地狱以及所有的事。所以，只要你是为了上天堂而活，就不可能找到那平静的地方。

人必须要超越
所有的二元对立
才能发现真正的泉源。

到达彼岸

上船来，但记得，这是单程之旅。

在佛教中，达到涅槃境界者被形容为“到达彼岸”。也就是说，他们已经跨越日常生活经验之河流，到达了超越成双对立二元性的遥远彼岸——涅槃。亨利·齐默尔讲过一个有趣的故事，以帮助我们了解佛教。

假设你住在旧金山，而你对这里厌烦透了。你听过伯克利这个地方：那儿有许多不凡的人和贤哲的聚会等。那儿有圆顶建筑，表示有庙宇存在。你从没到过那个地方，但你听说过它。伯克利这个地方，看起来会是你离开旧金山后的好去处。因此，在过去桥还没建起来的时候，你走到海边，放眼看过去，心里想着："如果我能逃离这个地方——轮回、痛苦和辛劳的世界，而到伯克利去，我就能得到解救。"

在一个风和日丽的日子，你看到有一艘渡轮从彼岸朝向你站的地方驶过来。船上有个人说："有人要去伯克利吗？"那就是佛舟上的佛陀。你回答说："我要去。"他说："那么，上船来，但记得，这是单程之旅。它需要很大的勇气才行。你没办法再回到旧金山来。你要放弃一切——你的事业、你的家庭、你的野心，所有的一切。"你回答说："我已经受够了这一切。""那好，"他说，"你够资格。"

这艘渡轮就是"小乘"。它是"小渡轮"的佛教，僧侣的佛教。搭上这条船，你必须要有成为和尚或尼姑的准备才行，并要放弃所有的一切。在印度，出家人穿的蕃红色僧袍是放在死尸上的外衣颜色。这些人已死了。你决心穿上死尸的外衣吗？决定了？那就上船来吧。

罗摩克里希纳说：
"除非你像
头上着火的人
急着找池塘一样，
否则不必寻求启发。"

渡轮出发了，你突然想起自己留在身后的一切，但你已经上了船。你已出家了。你是个船员。你喜爱海浪拍打船两侧发出来的声音，你学会如何扬帆，如何把帆放下来，并讲不同的语言：你称船的右侧为"右舷"，左侧为"左舷"，船头叫"前桅"，后部则叫"船尾"。你对伯克利的了解并没有比上船前多多少，但你称留在旧金山的人是"傻瓜"。你以为这趟旅程不至于太久，但它可能要持续三四世的轮回。

这便是出家人的生活。这便是学生的生活。这便是服从教团[1]的制度。生活已被简化到捻念珠和唱诵咒语“嗡”声的程度。你已将生活简化成非常简单的事。你不会希望结束这种生活方式的。这就像我在一些艺术工作坊看到的情形一样——学生正在雕塑一件塑像，老师看了一眼说“继续”。当然，如果他说“就是这样，你完成了”，那可就惨了。你会说：“喔，不，我不想离开学校。”要你还俗是你最不愿意的。

最后，经过好几世的转生后，渡轮终于着陆上岸，你在心里想：“这就是狂喜涅槃！”你走上岸去。有一种类似迷幻药那一类东西带来的暴烈感觉，但那完全不是你的目标。

佛陀在《中阿含经》（*Medium-Length Dialogues*）的一段对话中说：“比丘们[2]，假如有一个人想要到达那遥远的彼岸，就应该为自己造一个筏，那筏载着他到达了遥远的彼岸。由于感激那筏，他便抬起它放在肩上而行。你们说这个人聪明吗？”比丘们回答说：“不，大师，那不是个聪明的人。”佛陀说：“所以说，瑜伽修行的法则与经验和涅槃无关。教义是帮助你到达遥远彼岸的工具，当你到达时就可以抛去那筏，不再用它了。”

现在你已经在彼岸了，心里却在想：“不知道由伯克利眺望旧金山是什么景象？”你转过身去，但是……却看不见旧金山，看不见船，也看不见佛陀。

你以为有相对的存在，你仍然以二元对立的概念来思考。你离开的地方正是你所在的地方，唯一改变的只是你的观点罢了。这就是所谓“大渡轮”或大乘传统的观点，它使我们体认到万物皆为佛，我们就在大渡轮上，渡轮早已在那儿了。更进一步而言，因为佛教的最高教义就是“无我”，因此并没有任何人在船上。真正的自性是超越的生活和佛性，而我们都不过是从中产生的幻觉片断而已。这就是大乘佛教。

---

① 教团指的是，在佛陀当时的印度，尤其在恒河流域一带，在各种不同的思想下，形成的各式各样的出家人的团体。——编者注

② 在佛陀的教团之中，按尊卑位次可分为 7 种身份，分别为：比丘、比丘尼、式叉摩尼、沙弥、沙弥尼、优婆塞和优婆夷。“比丘”是指 20 岁以上受了比丘戒的出家男子。——编者注

这就是了

> 你所疼爱的小外甥便是你的上帝。

接下来我们要说的是“欢喜瑜伽”。你的生活就是你的瑜伽修行。就像罗摩克里希纳所形容的：“你所疼爱的小外甥便是你的上帝。”这个美妙训练的不可思议之处在于，它教导你这个无趣的人，能在同一个时空下进入到狂喜的状态中，只因你已转变了自己的意识层次。你已经放弃了把事物看成非其本来面目的想法，你了解到：“这就是了。这就是了。这就是了。”你要想肯定地说“这就是了”，必须先能否定地说“这‘不’是。”这种分辨能力使你进入另一层次的意识状态。否定地说“它不是”，乃是你看待它的方式。

佛陀是整个意识的心眼
已完全打开的人。

这就是透过崇拜所经历的旅程，因为神祇代表某种程度的力量，某种无法立即被肉眼所见的知识或爱的意识。然而，怛特罗佛教（Tantric）有一格言说：“崇拜神，你必须成为神。”意即，你必须在你自己内心找出那神祇所代表和象征的意识或爱的层次。当你做到时，你便是在崇拜那神祇。

不管你以什么名称称呼那神祇都不重要。人们说：“哦，我们是基督徒——天父，圣子，圣灵，以及圣母玛利亚。”可是，如果你无法进入自己内在基督的层次，你便不算是基督徒。依照你所达到的觉醒层次，你的崇拜会与同一教会中不同层次的人的崇拜不同。说你自己是这个教会、那个教会或其他教会的成员，乃是一种社会概念，一种与宗教无关的社会学现象。

你的宗教告诉你什么？

如何做一个犹太人？做个天主教徒？
还是告诉你如何做一个人。

我有一位很棒的年轻朋友叫约翰，他在天主教会热衷于普世教会合一运动（ecumenical movement）[①]时，成为耶稣会期刊《亚美利加》（*America*）的一位编辑。那时，每个人都想把天主教和其他宗教联系起来，但同时他们又污蔑其他宗教。约翰总会这样告诉他们说："不，你们不能这样看印度教。你们不能以误解来贬低它。你们必须直接面对它。"

那时在曼谷举行了一个盛大的罗马天主教会议，是由各灵修教派人士——如西多会修士（Cistercian）[②]、特拉普派修士（Trappists）[③]等共同参与，约翰也以观察员的身份参加了会议。顺便一提，托马斯·默顿[④]就在这次会议期间去世的。他在某个荒谬的泰国旅馆中因电器装置有问题而被电死。约翰后来告诉我说，默顿死前的那场演讲是他所听过最精彩的一场。

约翰回来后说，基督教修士和佛教僧侣在沟通上并无问题。正如任何想成为诗人的人都知道，当你有某种精神体验时，文字是无法将它表达出来的。文字只能提供线索。体验本身是超过言语的诠释的。宗教的意涵则被宗教的隐喻性语言间接地表达出来。"但是，"他说，"那些只读过书却缺乏宗教体验的世俗职事人员，'就一直不断地发生冲突'。"

---

① 普世教会合一运动是现代基督教内部提倡所有派别重新合一的运动，宣称"教会是超国家、超民族、超阶级的普世性实体"，号召新教、天主教和东正教之间，终止历史上的对立，采取联合行动。——编者注

② 西多会，又译"西都会"，天主教隐修会。1098 年由法国人罗贝尔始建于法国勃艮第地区第戎附近的西多旷野。因会服为白色，又称白衣隐士。推行静默、祈祷、垦荒等隐修制度。——编者注

③ 1664 年创立于法国，强调缄口苦修。——译者注

④ Thomas Merton（1915—1968），美国宗教家、拉特普（La Trappe, 又译为特拉普斯特）作家和神秘主义者、特拉普派修士。——译者注

什么是天国？

它是我们对存在于我们的邻人，
我们的敌人，以及我们所有人身上，
无所不在的神性呈现的理解。

心理的转化

远离你的理性系统……

佛教的一大中心课题，亦即我们前面所谈论的精义，就是“远离你的理性系统，进入那永恒推动万物的奇妙经验”。

通过生活
我们才能经验并传达
那灵性。

通过生命
我们才能学习活在灵性中。

一个全面追求灵性的人
知道生命的目标乃是死亡。

我记得我曾和阿伦·瓦茨[①]有过一段奇妙对话。他真是个不可思议的人。我的困扰之一是珍总是迟到。我和她约在某个地方碰面，总是要等上半个小时。我发现男人等女人是很平常的事。女人在离家之前有太多事要做，因此半个小时左右的时间就过去了。

① Alan Watts（1915—1973）美国禅学家，著有《禅道》。——编者注

在纽约，出门到任何地方去都至少要花上半个小时，这已经是个定律，而珍总认为到达目的地的时间才是她出门的时间。所以，我为了要白等她很久而感到困扰。我问阿伦："我要怎么办才好？我等得生气了，所以在她抵达时，我的态度就有点儿恶劣。"

阿伦说："你的问题是你要她到来。你期待的情境并非你现在的处境。你要知道，因为你在等待时却想着不应该在此久等，所以就破坏了你所能体会的等待经验。"

这样一来，等待珍便成了一种心灵的体验了。我对自己说："不要去想珍应该要到了。看看四周发生了些什么事。"你知道吗？我原先所在的地方便因此变得有趣起来，我一点儿都不觉得无聊了。我常常还希望珍会让我等久一点。这对我而言原本似乎是不可能的事，直到阿伦建议我不要有"现状不应如此"的想法后才有所改观。

这是欲望和恐惧作祟的例子。我渴望一个我们计划过的情境，而这种渴望阻碍了我的当下体验："这就是了！这就是生活！注视着它！它不就在沸腾着吗？"不过，现在我能热爱自己的处境了，等待不再是一件无聊的事。心理的转化使得以前难以忍受的事物，变成可以理解的、令人喜爱的，同时还可以为己所用。

只要你的行动是出自
恐惧和欲望，
你就把自己摒除在
不朽之外。

改变心的位置

> 不用改变世界，只要转变观点便能出离苦难。

所有宗教修行的目的都是达到心理的转化。你可以基于对神祇的了解、奉献和服务，在照顾你的孩子、医疗酗酒者或宗教等活动中，创造你自己的冥思和仪式。如果你能感觉到万物皆为梵天，那么任何活动都可以是冥思：活动的过程，做事的行为，被观察的事物，观察的人——任何事物。

回归
是能在各处
看到光辉。

关键的问题是改变心的位置。你回归的地方乃是你当初离开的地方，否则旅程便没有完成。你回归到你认为是自己生命所在的地方，尽管是同样的职业，但不一定是同样的场所。瑜伽的修炼乃是修炼。它们不是那个地方。

你把自己交付给生命的方式是
把俗事置诸脑后。

渴求得到必朽的事物
和恐惧丧失
使你无法把自己
交付给生命。

恐惧和欲望不会产生社会责任，它们是社会造成的。比如，善心人士过来说："我们在抗议核武器。请加入这条阵线，不要再犹豫了，就照我们告诉你的去做。"

如果你是在履行你的社会责任，
那它就根本不是"你的"行为。
而是社会加在你的身上的行为，
它会使你远离生命。

要面对这一类强制性社会义务的要求，就表明你和现象世界既定的生活秩序发生关联，而且困在其中了。你可以自愿参与，但是你并没有义务一定要参与这些行动。它们也不必然是人类的至善。那全然只是说教的范畴。

人们会将社会责任加在你身上。你的邻居会说：“为什么无动于衷地在此打坐？起来为这世界做点儿事。你对这个世界负有责任。”还有种种这类的事。责任不是来自你的恐惧，而是人们加在你身上的。责任是社会性的。换言之，责任必须被理解成社会责任。

注意壹圆钞票上那个小人像，它静止的眼睛就是二元对立汇聚的地方。如果你要在行动的世界中，就必须到金字塔底部的某一端。不管你是支持哪种体制，你都在时间的领域中，而且不论你在哪个体制中，心灵的光辉都仍然是照耀四方的。无论你在哪个位置，你仍然可能被强制性地参与其中。这是相对的问题。所有的判断都随着你的不同位置的异动而转换。善恶不是绝对的，它们取决于你的立场。

局限来自
你的判断。

我听说过一个很好的例子，是关于我的一个朋友追随的一位佛教和尚的故事。在西藏，人们会去屠宰场买一只即将被宰杀的羊，然后将羊放生，而这是一种虚伪的行为。接下来，这位由一堆美女围绕的和尚，便将放生 500 条鱼，以完成这个虚伪的行为。

就这样，在一群美女的伴随下，他试着到蒙特利（Monterey）一家又一家的鱼饵店去买 500 条小鱼。然而，那时鱼饵正好缺货，许多店主都不让他买小鱼去放生。最后，他终于找到一家店肯卖给他，他和随从人员便提着装满小鱼的桶子走到海边去放生，并在那儿为即将获得自由的小鱼举办了一场祝福的仪式。然后，他们一桶又一桶地把小鱼倒入大海中。结果，鹈鹕由四面八方蜂拥过来，那个小和尚前后跑个不停，舞动他的僧袍，想要把那些鹈鹕赶走。

对鹈鹕是好的事，对鱼就不好，而这位和尚已经选择了立场。他已经不中立了。这对我而言是一则很重要的故事。我常常因为那个和尚以及他为鹈鹕准备的大餐而笑得醒过来。

这也是为什么狮子和羔羊并躺在一起的故事是很可笑的原因。读过这则故事，你便能了解狮子在大啖羊肉的时候，它和羊一块躺下来。这就是这则故事的意思。“寂灭，寂灭，寂灭”：什么事都没发生。这就是从升华的角度来解读，它消灭了自我中心意识，以及其与事物的关系。不用改变世界，只要转变观点便能出离苦难。

生命总是痛苦的。
我们无法改变它，但我们可以
改变自己对它的态度。

自我是什么

不必到森林去……

有一则关于佛陀的故事。他说：“有一次，我的身体饥饿到当我碰触自己的胃时就可以抓到自己的脊椎骨的程度，我突然觉得这不是迈向觉悟之路。我的身体没有足够的能量来汲取经验，更不用说成就觉悟了。因此，我吃了第一餐饭。”

当时，附近有个可爱的牧牛女。她拿一千头牛的牛奶去喂一百头牛，再拿这一百头牛的牛奶去喂十头牛，再拿这十头牛的奶去喂一头牛。由于那精炼牛奶的强大效力，当她拿着那碗牛奶给释迦牟尼喝下去后，他整个身体都重新充满活力。喝完后，佛陀将碗丢到河里并说：“如果这碗逆流而上，我就将成佛。”它果然逆流而上。觉悟便在当晚到来。

对你自己力量的恐惧
乃是使你困在
较低系统的原因。

如果我的体内有某种可以对抗历史潮流的力量，我就能从中脱离。尼采说："小心逆风吐痰。"你知道结果会怎么样。不过，如果你能逆风吐痰，并一击中的打到别人，你便能成佛。

我总是在找寻这一类征兆。当我去办理征兵注册时，登记桌后面坐着三男一女。我对自己说，如果是那女的叫我的名字，我就不会被征召。那女的果然叫我，而就在我要被带进去时，他们发现我已经 38 岁了，他们当然不会要我这种老古董。我和佛教徒的看法一样，事情将会怎么发生都隐含在现况中，而去寻找这样的征兆是一件自然且有趣的事。

在西方的传统中，我们不依照这些固定的模式运作。我们相信为行动做价值判断和决定的自我，是带来改变的因素。弗洛伊德形容自我为"真实原则"，也就是将你与"真实"（reality）联系起来的原则。这里的"真实"的首字母是小写的"r"，意思是指你生命中个别的境遇，以及你与这些境遇的关系。而在我们的文化中，作为评价原则的自我就这样发展出来的。妈妈会问说："强尼，你要哪种冰激凌，草莓还是香草？""我要香草。"强尼便得到了香草冰激凌。

相反的，在东方，你做的每一件事都是别人告诉你去做的，别人在你面前放了什么，你就拿什么。如果你做的每一件事都是别人要你去做的，你的自我就不会发展出来。因此，在东方，人们是没有"自我"这个概念的。他们不知道自我是什么。自我在社会中不扮演任何角色。那儿没有个人价值。

弗洛伊德心理学中的享乐原则，本我，亦即生命对食物、舒适、性欲及生命本身热切的执着——我称之为"健康、财富和繁衍子孙"，乃是大部分人活着的目标。

弗洛伊德假定了“超我”来对抗本我。超我就是规范个人的社会律法，因此个人做的事不是他想要做的，而是社会认为他该去做的。用心理学的名词来说，东方的冲突完全介于超我和本我之间。自我原则甚至根本不被考虑进去。

因此，在没有“自我”的情况下，寻求启发的东方人离开他的家人，到了精神导师那儿，要求导师把他如小球或小贝壳般大小的自我打碎。导师拿起象征瑜伽修行的小木槌打下去，然后就是“砰”的一声——他的自我就不存在了。然而，当西方人去见导师时，他却带着如岩石般坚硬，而且一直是他整个生命指导力量的自我。当他要求导师打破其自我时，导师拿起同样的小木槌，“砰！砰！砰”地敲了40年，却一点儿效果也没有。去找导师的西方人只觉得越来越不快乐了。

我承认，如果你是一个心灵具有评价倾向的人，你的想法和所有导师的都不同，必然会有另外得到启发的途径。我认为罗摩克里希纳所谓的“猴子的方式”（the monkey way），可以在西方文化中转变成相当于佛教“中道”的方式。换言之，当你在自己内心找到相当于神圣空间的中心时，你就不必到森林里去。你能够有技巧地从这个中心中获得自己的平静。即便当你和这个世界保持接触时，也可以遵循这个中心而活。

让出路来

> 上帝要惧怕上帝吗?上帝不该挡住上帝的路吗?

有一则家喻户晓的印度寓言故事，是罗摩克里希纳常常喜爱提起，用来说明要把多样复杂的意识层面与超越的意识层面同时摆在心中的困难。

故事是说一位年轻的修行者，刚从他的精神导师那里了解到，他自己在本质上与支撑宇宙的力量，也就是我们在神学思考中位格化的“上帝”，是完全一致的。这位因自己和宇宙主宰及存有合一的概念而深受感动、振奋的年轻人，便在极度沉浸于这种出神状态的情况下离开。

当他怀着这种心情穿过村子，走上村外头一条路时，他看到迎面走来一头大象，背上驮着轿子，头颈上一如印度当地人习惯的坐有一位象夫驾驭着象前进。这位正在冥想着“我是上帝，万物皆是上帝”这个议题，同时看到大象正朝他过来的圣贤候选人，于是又加上了这条必然的结论：“大象也是神。”随着它雄伟迈步前行而生的叮当铃声节奏，大象稳重地继续前行，而它背上的象夫则开始大喊：“让出路来！让出路来，你这白痴！”正在出神的年轻人仍然想着：“我是上帝，大象是上帝。”在听到象夫的叫喊声时，他又想：“上帝要惧怕上帝吗？上帝不该挡住上帝的路吗？”大象继续往前走，象背上的象夫仍然对年轻人狂叫着，而沉浸在冥思中的年轻人，既定在路上的位置不动，又仍抱着那超世俗的洞见不放，直到——大象用它的鼻子把这个疯子一卷，甩到路边去为止。

他被丢到了一个土堆上，虽然伤得不重，但整个人像是丢了魂。他爬了起来，甚至也不整整衣冠，便回去找他的导师，要求给他一个解释。“你告诉我，”年轻人在解释了发生的情况后说，“你告诉我说我是上帝。”“没错，”导师回答说，“你是上帝。”“你告诉我说万物都是上帝。”“没错，”导师再次回答，“万物都是上帝。”“那么，大象也是上帝啰？”“它是。那大象是上帝。只不过，你为什么不听大象背上的上帝叫你让路的声音呢？”

摘自《生活的神话》

智慧与愚昧
实际上是相同的。
两者皆对世俗的意见
无动于衷。

根据传说，当观世音菩萨往下看这苦难的世界时，由于他心中充满了慈悲，便由他的头迸发出无数个头来……同时，由他的身体中也生出了一千只救苦救难的手臂和手来，就像是令人目眩的光芒所发出的灵气一般，而每只手掌中也长出了一只可透视一切的眼……

观世音菩萨身上的每一个毛孔都包含并释放出成千上万的佛，各位圣哲，以及整个世界。他的手指流出神仙美馔之河，冷却了地狱并喂饱了饥饿的野鬼……他以梵天之身出现在梵天面前，以商人之身出现在商人面前，以昆虫之身出现在昆虫之前，以各物种之身出现在其面前……

摘自《神话的意象》

女性（之一）

他由她而生，而后复归于她。

只有女神才知道那协助男神赢得胜利、推动一切的神秘世界能量。它就在他们体内，但他们却浑然不知。他们相信自己很强壮，但若没有这股力量，他们就连一片草皮也无法伤害。女神知道的力量，也就是吠陀祭司（Vedic Priest）所称的“梵天”和印度教徒所称的“沙克提”。因为沙克提，亦即能量，乃是伟大女神的本质和名号，所以她能够向众男神解释这奥秘的存在，她可以把它的秘密教给他们，因为那就是她自己的秘密。

齐默尔语，摘自坎贝尔主编之期刊《神秘的心象》（*The Mystic Vision*）

在印度教中，所有的力量，也就是沙克提，乃是阴性的。因此，女性代表力量的全部，而男性被塑造成女性代理人的形象。就这个意义而言，女性自男性身上感觉到的力量，也就是荣格心理学所称的阿尼姆斯，乃是女性力量的特殊化，是那股力量衍生出来的模式。

每一个存在都有双重的层面，有友善的一面和恶劣的一面。所有的神也都有迷人的形态和可怕的形态，展示哪一面，取决于个人如何接近他们。然而，伟大的女神是世界的能量，可以以各种事物的形态呈现。所有友善及恶劣的面相都是她本质的不同层面。在个别神祇身上看似二元对立的事物，在她全体的存在中，却是无限地多样化……

她是生命本身的无声保障；她从被焚的丛林灰烬中，培养出怒放的新鲜花朵来，它的残枝孕育出新的生命；这样的新生命环顾四周，所看到的只是生命的转换与转型，并没有看见死亡的阴影。正如我们自己一样。当我们张嘴咬了一口成熟的水果，或自花园中折下一棵活生生的植物时，我们并没有注意到死亡。

不论你做什么，是清醒还是睡眠，在血肉之躯与伴随的心灵乐章的循环中，都是有意识的或不自主的。不论你在身体的成长与毁败，吸收与排泄，呼吸与繁衍，或是在赋予欢笑以破除愤怒和痛苦的局限过程中做了什么——这些都只是大地之母（jaganmayi，所有世界与存在的组成）的身段展现而已，她不断地以她宇宙之身无穷无尽、千变万化的身形，进行着同样的过程……了解女神拥抱与毁灭的双重特性，了解灾难中的平静，腐败中的保障，就是了解她并能得救……她是生命的欢乐诱惑和冷酷毁灭的完美形象。这两个极端似乎在拼命地扯紧，但却又永恒地聚合在一起。

齐默尔语，摘自坎贝尔主编之期刊《神秘的心象》

此外，在印度教中，太阳是女性，月亮则是男性——他由她而生，死后复归于她，然后每个月又自她身上生出。湿婆是月神，他的伴侣雪山神女帕尔瓦蒂（Parvati）[1]则是太阳的力量。虽然在印度以男性为导向的行动系统中，崇拜是直接朝向湿婆的，但是最后都是以卡莉女神为依归的。因此在印度，卡莉女神是最伟大的神。

……印度女神卡莉……是以站在其配偶湿婆神伏卧身躯上的形象呈现。她挥舞着死亡之剑，亦即精神戒律的象征。那滴着鲜血的人头告诉信徒“凡

① 帕尔瓦蒂和卡莉都是湿婆的妻子。——译者注

为她失去生命者将获得生命”。“施无畏印”和“施愿印”的手势教导人们，她保护她的孩子们，造成普遍苦难的二元对立不是它们表面上看起来的那样，人间千变万化的“善”“恶”幻觉，对于专注于永恒的人而言，只不过是心灵的反映——就像这位女神一样，虽然表面上是脚踩着大神湿婆，但她实际上却是他幸福的美梦。

摘自《千面英雄》

女神
赋予形体，
也毁掉形体。

女性（之二）

男人创造历史，女人则是历史。

有趣的是，在北方的欧洲系统中，以及产生我们所知“阴与阳”概念的中国系统中，男性都是侵略者，是主动要素，而女性则是接受和被动的一面。在印度，刚好相反。印度教的立场是，女性是“沙克提”，是那沿着脊椎往上攀升的昆达利尼蛇力量，也就是生命能量的原则。她是启动者，男人只希望不要被卷入其中。男人在心理上对其他的事物感兴趣，但当这个能量场经过时，他就被启动了。就像乔伊斯在《芬尼根守灵夜》一书中这样写道：“他皱着眉头竭力想听懂她对他喃喃呓语的内容，尽管那样费力地去理解也还是不懂。”重新再一次启动这个世界，不是很好吗？而他想：“我的天，是啊，那很好。”就这样，他上当了。他之所以会这样参与其中，是因为她是充满世界每一层面的整体能量。

同样的，在我们通常称为“青铜时代”的神话系统中，女性是伟大的神，也是所有力量的来源。例如，在埃及法老王坐在王座上的意象中，王座乃是赋予他权威的事物，而王座就是伊西斯（Isis）女神。同样的神话意象出现在拜占庭的圣母玛利亚和基督图像上：婴儿基督坐在圣母玛利亚膝上，就如同法老王坐在王座上——她是他的力量。他被称为世界的统治者，但她一直都是背后支撑他的力量。同样的，在美国总统的老照片上，我们通常会看到总统夫人站在总统身后。她是伊西斯，而他是王座上的小孩。

在俾格米人（Pygmy）[①]的舞蹈中，女人将整族的男人用绳子绑住。男人站在那里不能动弹，他们其中有个人说："她使我们全部安静下来。"然后她将他们松绑，就在他们一一松绑之际，他开始唱歌。他们知道这个我们已经失去的基本神话主题。

> 她的子宫是空间的领域，她的心是时间的脉搏，她的生命是宇宙的梦境，我们每个人的生命则只是它的反映而已；而她的魅力不是来自于彼岸的吸引力，而是这个世界。简言之，以《圣经》的术语来说，她是夏娃。更恰当的说法是，夏娃更进一步成了母亲，不只是人类，更是包括草木石头、鸟兽虫鱼、太阳、月亮和星星等万物的母亲。
>
> 摘自《神话的意象》

男性的力量随着闪族（Semite）[②]和印欧亚雅安人等男性导向的游牧民族社会而兴起。对他们而言，能量的功能就是去控制平原上的动物。于是，便出现了男性与女性神话关系的问题。

在以农业为主要谋生方式的地区，
人们崇拜的是大地与女神的力量。

---

① 俾格米人是居住于非洲赤道附近的矮小人种。——译者注
② 闪族，又称"闪米特族"，亦称"塞姆族"。这个名字出自《圣经·旧约全书·创世记》所载传说，称基为诺亚长子闪（Shemu 或 Semu）的后裔。——编者注

在以狩猎为主的地区，
是男性的进取动力
造成了动物的杀戮。

女神在闪族文化传统中完全被去除掉了，而那种正统派思想最显著的特色，就是男性对女性身体这个神人同性、代表自然诱惑与力量的首要象征的恐惧。在基督教中，这个传统甚至极端地发展为禁止修女看她们自己的身体。在伊斯兰这个当代最男性导向的宗教中，女人只不过是生儿子的工具，而男人的功能在大体上则在保护女人。我曾在巴基斯坦停过几个钟头，所看到的真不可思议！那里的女人简直是顶着帐篷在走！她们的眼睛甚至也用一种薄而松的棉布盖了起来，所以你无法知道那是个老巫婆还是个美貌的女神在行走。而且，你也不可能对一顶帐篷有反应。

男性 = 社会秩序
女性 = 自然秩序。
男人的职责在于和生命发生联系，
女人的职责则在于产生生命。

男人的主要功能在于安置一个生态环境，以供女人生育之用，同时准备好一个场所，以让女人产生未来，因为她就是生命，她是全体。男人是保护者，是女性力量的代理人。如果一个女人失去丈夫，她便必须承接男性的角色。不过，如果你认为这对她的能量而言是个陌生的东西，那就错了。每个女人都具有阿尼姆斯的功能，只不过她通常把它委交给他人罢了。

我认为当前社会的情形——有那么多女人离开丈夫，被投掷进入男性成就的领域中，是女人已经出卖了许多东西，也许不是有意的，但事实确实如此。随着我们极力强调建造摩天大楼充斥的城市，把喷射火箭送上月球等戏剧化且明显男性化的活动时，女人已经相信只有男性的目标和美德才被考虑，而且这些男性的成就是适合每一个人的目标的，好像只有男人的目标才算数似的。其实不然。

女人过去知道如何管理这个世界，但是当她们转移到次等的能量位置，从事男人的工作时，女人便失去了她们真正的力量，而且变得愤怒，因为男人其实只是女性力量的代理人而已。斯宾格勒有一句动人的话，当我读到它时，它就深深地嵌入了我的心坎。他说："男人创造历史，女人则是历史。"她就是历史本身，而男人建构一个领域，让女人制造历史并成为历史。

男人的功能是去行动，
女人的功能则是成为生命本身。
她就是"它"。她是大地之母。

因此，女性就是"它"。当你说女人生出小孩时，那只是其存在的一部分，是完成早已存在于她身体中的角色。而她所生产的事物不一定是小孩，它可以是女人所代表生命中的力量、品质和存在。这就是为什么女人的美貌或性格的特质在神话故事中是如此重要的原因。不过，这并不表示外表不漂亮的女性没有这种力量，它存在于每一个女性中。

"宇宙之母"这个神话人物，将最初的养育、保护之神的女性特质归诸宇宙。这个幻想，基本上是自然而然产生的，因为小孩对母亲的态度和成人对四周物质环境的态度之间，存在着密切而明显的对应关系。

摘自《千面英雄》

当齐默尔这位女神的伟大信奉者，试着在美国寻找安身之处时，荣格基金会的一些老太太帮了他的忙。她们帮他找工作，并帮他太太找到住的地方等。齐默尔说："当我望着那些眼睛时，我说：'我看到了你。'"因此，女神在每个女人身上发挥作用的方式，可不是男神在男人身上发挥的作用所能比拟的。我永远忘不了当他说"我看到了你"时，眼睛中闪烁的奇妙亮光。

男人的旅程

> 男人要踏上英雄的旅程。

在神话的图像语言中，女人代表的是能被认识的全体，英雄则是去认识女人的人。随着英雄在人生缓慢启蒙的过程中逐渐进展，女神的形象也为之经历一连串的变形：她绝不会比他伟大，但她总是诱导、指导并命令他挣脱自己的脚镣。如果他能符合她的心意，则认识者与被认识指导者，就能从所有局限中释放出来。女人是带领英雄到达感官历险崇高顶峰的向导。她被眼光浅薄的人贬低到次等地位，她被无知的邪恶之眼诅咒为陈腐和丑陋，但她的名誉在有识之士那里得到了补偿。凡是能以她本来面貌接受她，并拥有她要求的仁慈与自信的英雄，就有可能成为她所创造的世界中的君王，即神的肉身。

摘自《千面英雄》

有个拥有漂亮金球的小女孩。那金子是不会腐化的金属，球体是个完美的球体，而圆形则是她的灵魂。她喜欢到森林的边缘——也就是深渊，坐在一个小池子边，一处小喷泉旁。那里是地下世界的入口处，她喜欢在那儿把象征自己灵魂的小金球抛来抛去：抛出小金球再接住，抛出小金球再接住，抛出小金球再——咚！她没有接好，小金球掉到池塘里去了。

小女孩开始哭泣，她失去了她的灵魂。这是个令人沮丧的事情，意味着生命能量与欢笑的丧失，好像掉了什么东西。这是古典史诗《伊利亚特》(*Iliad*) 中特洛伊之海伦被劫走故事的翻版：特洛伊的海伦被劫走了，所以特洛伊人要把她找回来。

小金球掉到池塘里，小女孩的灵魂则被地下世界的大野狼吞下去。当能量下沉到那么深的地方时，池塘底部的力量，地下世界的居民——恐龙便会出现。在这个故事中，出现的则是一只小青蛙。小青蛙说："怎么了，小姑娘？"她回答："我的小金球不见了。”他说：“我会帮你找回来。”小姑娘说：“那真是太好了。”青蛙说：“你要怎么回报我？”

她必须用某样东西和它交换才行，于是她说：“我给你我的金冠。”他说：“我不要你的金冠。”“我给你我的漂亮丝绸衣服。”“我不要你的漂亮丝绸衣服。”“那么，”她追问说，“你要什么？”“我要和你同桌吃饭，做你的玩伴，和你同床共寝。”小女孩低估了青蛙，便痛快地答应了：“没问题，我会照办。”

青蛙潜到池底并带上来金球。他是个历经冒险的英雄，而她连谢谢都不说一声，拿了金球就快步跑回家。青蛙啪嗒啪嗒地摇摆着，紧随在她身后喊着说：“等等我！”他走得非常慢。

她回到家的那天晚上，正当小公主和国王及皇后一起共进晚餐，一切都很愉快时，这只绿色的小家伙啪嗒地跳上前门台阶，发出“呱啦，呱啦，呱啦”的叫声。小女孩的脸色变得有点儿苍白，她的父亲问：“怎么回事，那是什么东西？”她说：“哦，那只是我下午碰到的一只小青蛙。”国王说：“你是不是承诺了什么？”

这时道德原则就出现了，你必须把所有这些事情连接起来。因此，当她回答“是”时，国王说：“那么，打开门让他进来吧。”就这样，青蛙进来了，但还是在地板上。它说：“我要到桌子上，我要吃光你金碟子中的食物。”这破坏了整个晚餐的气氛。晚餐结束了，小公主准备要睡觉了。青蛙啪嗒啪嗒地跟着她上楼去，并重重地敲着门说：“我要进来。”她打开门让青蛙进来。“我要和你一起睡在床上。”这已超过她所能承受的了。

这个故事有多种不同的结尾，而我最喜欢的则是小公主一手抓起青蛙，把他掷到墙上去。青蛙迸裂开来，里面走出一位眼睫毛像骆驼一般的俊美王子。他似乎也身陷麻烦：他受到老巫婆诅咒而变成一只青蛙。这个小男孩不敢长大成人，而她也是正要长大成人的小女孩。他们两人都拒绝成长，但是现在两人相互帮忙走出这困境，这是个非常美好的成长过程。

接下来的故事是，第二天两人完婚后，一辆马车来到大门前。那是王子的马车。他毕竟是位王子，他的王国自他变成一只青蛙以来，一直都是动荡不安的。于是王子和他的新娘坐进马车正要驶去时，他们听到一声巨响——砰！王子问马车夫说："怎么回事，亨利？发生了什么事？"亨利回答说："自从你走后，我的王子，我的心脏四周一直有四条铁箍。现在其中的一条破碎了。"在他们渐行渐远的途中，又听到另外三声"砰"，马车夫的心脏又再次正常跳动了。

马车夫象征的是需要王子统治和领导的国土。王子没有履行其责任，却进入地下世界，不过在地下世界，他找到了他的小新娘。

我特别喜爱这个故事，因为故事中的两位主角都有麻烦，两人都在池塘底下，两人又都以奇怪的方式互相解救对方。上面的世界则一直等待着它的王子归返。所以，这是一个关于英雄旅程的例子。

女人的旅程

女人以不同的形式带来生命。

接下来的问题是："女人的旅程又是如何呢？"如果女人遵循生理基本定律，其生活就是属于这个世界的生活，是与家庭间的关系。在她年老退休后，一般就进入了所谓的"祖母"阶段，扮演给晚辈提供建议的角色。她也可以以这个世界子孙的祖母姿态出现。女人以不同的形式带来生命，不论是在生理方面还是在社会方面。到了晚年，她们扮演的则是养育生命及指导生命的角色。男人到了最后阶段则比女人内向。

对我而言，老年人对小孩的关系似乎是一件很甜蜜的事。有一幅可爱又有趣的图片是伊达·罗夫[①]和一个小孩由东西两方隔着生命的距离互望对方的景象：两人之间由历史形成的整个阶段完全消失，只有那彼此对望的永恒。如果你能处在某种使永恒的原则孕育出永恒纯真的社会关系中，那便是真正的原型经验。

然而，纵观历史，在许多事例中，有很多对女人扮演角色的不当反应——也就是说，她所做的本是自然及社会所期盼的，但却陷入了糟糕的境况。这就是我所谓的“冒险的呼唤”。如果女人投入男人的工作，进入追求成就的领域，那么她的神话基本上便与男性英雄的神话别无二致了。

当然，女英雄会碰到的困难和她的优势皆不同于男性，但无论英雄是男性还是女性，内在旅程或梦想追寻的几个阶段都是相同的，尽管意象会有些许的差异。譬如说，男性曼陀罗的中心意象往往是某种光亮的珠宝、玉石或类似的东西，但是女性的中心意象可能是她手中抱着的小孩，也就是她心灵的结晶。

我太太绝对不是一个家庭主妇，她可以毫不困难地把男性英雄看成是女性英雄的对等角色，假如女人参与的工作是传统上男性工作的话——换言之，假如她参与的是成就某项事业，而不是像女人正规的角色那样孤独地等待着被成就。珍是位艺术家，她从自己积极主动的角色中得到很大的满足，因此她的危机基本上与男性的危机相同。在她的同事中，我们所认识的女性都不是典型的家庭主妇。她们在艺术的领域中得到了满足感，那是我所知道女性可以拥有这种非传统生活方式的唯一地方——或许学术的领域除外。在我自己的工作范围内，我认识许多属于“头脑之旅”世界的女性，但在我看来，她们并未像进入艺术领域的女性那样拥有丰富的满足感。她们的满足感比较偏向成就的一面，而艺术家的满足感则来自于艺术工作本身，那是不同的一件事。

---

① Ida Rolf（1896—1979），美国生理学家，发明了罗夫治疗法。——编者注

女人只要做她自己就好了

她天生需要面对的负担较为沉重。

在所有的文献中，很少有女性的冒险故事，因为她已经是“它”本身了，而她的问题是去实现它。《格林童话》中的小女孩冒险故事不少，它们大多与女孩迈入成熟女性门槛前的犹豫有关——例如《睡美人》，以及所有同类的故事，接下来便是故事主人公醒过来的情节。在女人做梦时，她们内心积极的一面往往会以男性的形象呈现出来。

男性代表的是将女性力量导向某种特定功能的代理人。然而在男性身体内，却无法唤起女性身体中自然的女性本质。因此，一个上进并找到他圆满力量所在的男人，要发现他内在的女性质素应不成问题，因为它和女性体内的女性要素相比，是相当微不足道的。它与你的身体赋予你的成分有很大的差距。这是个比例的问题。

男人必须要去做。
他必须脱离母亲
并找到自己“做事”的方式，
那是条痛苦的路。
女人只要做她自己就好了。

我二十几岁时与一群艺术家生活在一起，其中有许多是女性。我注意到当她们快三十岁时，每个人都有婚姻的问题。“我现在必须结婚，生个小孩。”当内在的女性质素呼唤这个已找到木槌和凿子作为她生命力量工具的雕刻家时，她的艺术便溃不成形了，因为除非她能够什么事也不做，整天专注于创作，否则她是不可能有美好的艺术生涯的。

这种破坏力不会发生在男人身上。当女人召唤男人时，他只要走上前去结婚就是了，因为女人就自然地站在那里。依我看来，这是女性冒险旅程的重点之一。她天生需要面对的负担较为沉重，这从女孩子月经来潮的那一刻便开始了。接下来，她便成了女人。

受到生命的召唤，是女人特有的问题，男人则没有这样的问题。他的整个身体告诉他，他不拥有它。虽然女人也能踏上英雄的旅程，但是仍然会有其他召唤出现，在她所代表的自然领域。

我在婚姻边缘徘徊了很长一段时间，主要是因为我觉得女人总是要享乐，而那完全不是我的兴趣所在，那会干扰我的阅读。这真的是事实。不过，另一个原因是，每一次我和女人认真交往后，我便会产生一种压迫感——生命是沉重的。我很快便受不了那种沉重感，感觉每件事情都是了不得的重要，而芝麻小事也变成了泰山压顶的问题。我的老天！“我不干了。”然后过了一段时间，问题又再度出现。

危险之床

“危险之床”代表的是女性的性情。

我教过数百位年轻女性，其中许多人毕业后进入艺术工作的领域，珍也一样，她从事古典舞蹈编舞的工作。不过，其他很多人的丈夫不能忍受她们这么做。她们每个人都必须做抉择，如果她选择向丈夫的要求投降，她的冒险旅程便结束了。真的如此。这样一来，其他的每件事物都成了替代品。不过，生活的目标是要拥有你自己的历险，而不是替代品，可这绝不是一件容易做的事。

我在教这些年轻女孩时，并没有想要将她们变成语言学家或历史学家。那么我教她们那些东西干什么？她们多数会结婚、生子，将自己奉献给日常琐事杂务——这和我例行给她们上课一样，在最初的新鲜感过后，也就索然无味了。然而，使用同一材料的方法很多，我的想法是这样的：她们会有自己的家庭，当她们到了 50 岁孩子们都成家立业时，她们便可以用得上这些知识了。我刻意提供她们如何在人生后半段解读这个世界的心灵信息。那已是陈年旧事了。我仍然与这些女学生中的许多人有联络——在 20、30 或 40 年后，她们无一例外地表示说，我的方法有效，我教给她们的东西目前正滋养着她们生活中的精神层面。

有趣的是，在日本或古老东方的某些传统中，甚至一直追溯到柏拉图时代的希腊，家庭主妇是一种类型的女人，而专门侍奉权贵富豪的妓女则是另一类型的女人。那时的妓女精通艺术、文学及言谈。那是和家庭主妇不同的生活形态，在那些传统中，女人可以在那样的角色中得到满足感。

文学中还有另一类妇女的角色，但是我从未见过，就是以亚马孙人①身份出现的女人。有个类似的故事说，法国国王的女儿被穆斯林绑走了。她和一位穆斯林疯狂陷入爱河后，她的家人却要把她救回法国去。她的穆斯林爱人跟踪了来，重新掳获她，正当他们要逃离追捕的军队时，公主问她的爱人说："你剑用得好不好？"他回答说："不好，我只擅长床上功夫。""好，"她回答，"你继续往前走，我来应付这群人。"这个故事很棒，是全世界最棒的故事之一，很值得把《一千零一夜》的故事书找来看看。

乔伊斯把女人说成是联系者——联系国家、联系人们的人。女人和完全陌生文化的男人结婚后的适应能力比身处同样情况下的男人强多了。女人是联系者。乔伊斯在《芬尼根守灵夜》中提到另一件事：有位母亲有三四个儿子，其中有争气的，也有差劲的。她爱每一个儿子。她并不会以成就或任何这一类因素来评断他们。她代表的是一种人与人之间的关系。

男性力量主控的地方，

① Amazon，出自希腊神话，传说古代住在黑海附近锡西厄（Scythia）的一个纯女性部族。——译者注

便有分离。
女性力量主控的地方，
便有非二元的、包容的特质。

因为一直在教年轻女性，我很惊讶地发现，假如她们的婚姻很顺利，她们在了解自己丈夫的工作方面有很强的能力。她们从来不用研究那些东西，就可以准确地了解丈夫的工作。以我自己为例，我所写的文章都会念给珍听，她则提供给我工作中必需的批评及支持。男人有时候会觉得他似乎不需要别人的协助，但他其实是需要的。一个背后有女人支撑的男人与单独在外应付一切的男人相比，是有很大差别的。

我们刚结婚时由我开车，不论我怎么开，珍都觉得很好。后来我意识到她的心理有了转变，她有时会批评我开车的方式。再后来，就成了她指挥我开车了。这一切都是可以接受的，那和她想法的变化有关。首先，她想，“只要是他做的就是好的”。接下来，在她对我更了解一些后，就不再照单全收了。最后，她对我了解得更多后——事情总是这样的，现在她已是老板了。我知道将车交付给某人的感觉，你只能说：“如果我们撞上什么东西，没关系，没事的，亲爱的。”你发现她处理得很好。它就是不同，如此而已。那是“危险之床”（Perilous Bed）。

一位穿戴全副盔甲的骑士，
走近“危险之床”。
只要他试图躺上床，
床就会弹跳移动起来。

“危险之床”代表的是
女性的性情。

如果男人能够忍住，
如果他能按捺下来，
床就会安定下来，
而他将得到报酬。

我曾利用一年的休假在外旅行，大部分时间待在印度和日本，也去了泰国、斯里兰卡、缅甸和台湾地区。我的印象是，这些文化中的女性，在每一方面的能力都比男性要强。或许我必须要到国外去看看，才能了解在我们这里，这也是事实。不过，我对东方女性的生气和权威印象非常深刻。

我在印度待了很久，因为我出版过齐默尔的著作，所以我看遍了印度所有值得一看的地方，包括尼赫鲁的故居。尼赫鲁的妹妹把我当成她参加派对的同伴，因此我认识了一大群人。穿着纱丽服的印度女人看起来真是谦卑，但她们根本不是这样的女人。她们是强而有力的。在日本的情况就不同了，因为日本男人是非常强壮的。不过当你在餐厅看到一对日本夫妇时，是谁在买单呢？是女的，因为是她在管钱。

雅典娜，赫拉，维纳斯

作为英雄的守护神、保护者。

雅典娜主要的角色是作为英雄的守护神、保护者，就像罗乞什密①这位印度女神，她是国王或任何成为其英雄的支持者。我们发现，雅典娜在艺术作品中被描绘成英雄的保护者：当珀尔修斯②取下女怪美杜莎（Medusa）的头时，雅典娜在场，而且也是她鼓励珀尔修斯开始其英雄事业。在《奥德赛》中，她要忒勒玛科斯（Tdemachus）去找自己的父亲。当奥德赛登上希里儿岛（island of Scherie）并碰到费尔刻斯（Phaeacian）公主娜乌西卡（Nausicaa）时，雅典娜也现身，而当奥德赛父子相会时，她又再度现身。因此，我们可视她为英雄的守护神。

雅典娜同时也是雅典卫城③的守护神。雅典娜和父亲的意象有关，而不是母

① Laksmi，印度教女神，即吉祥天，与阿罗乞什密（不吉祥天）相对，掌握福德。——编者注
② Perseus，希腊神话中宙斯之子。——译者注
③ 巴特农神殿所在地。——译者注

亲。她妈妈是墨提斯（Metis），但是当墨提斯怀孕时，宙斯把她吞下肚去，所以墨提斯是在宙斯肚子里生产的，而雅典娜则是从宙斯的头上冒出来。这就是弗洛伊德所谓的“向上转化”（transfer to above）——男性创造诞生之地，她是从那儿出来的。依我看，在这类传统的社会中，母亲乃是我们自然本性的母亲。小孩是由母亲所生，他是自然的产物。而父亲则是代表成熟者。因此，男孩子在成人礼上会从母亲那儿跑到男人那边，然后他们帮他完成成人礼。

父亲是分离者。
母亲则把事物聚合起来。

赫拉是宙斯的伴侣，而宙斯代表的是皇室法规，亦即统治世界的正义，因此赫拉是家庭里的监护者。这个角色和雅典娜身为英雄冒险之旅的守护神角色不同。要是拿狐狸精和妻子这两个角色相比，那么赫拉是妻子，而狐狸精的角色则属于阿芙罗狄忒（Aphrodite）①。阿芙罗狄忒不只是个狐狸精而已。她代表的是全体之爱的女神，是个非常有力量的人物，因为爱虽然可以把人变成狐狸精，但它同样也是支撑生命的力量。

维纳斯是赋予缪斯女神（Muses）②灵感者，而缪斯女神则是心灵的灵思泉源。她们不仅养育了身体，也养育了心灵。以她们将生命投入这个世界的方式可以看出，这个生命是所有一切的真实。这就是为什么我认为女性艺术家身处的领域不仅滋养生理的生命，同时也滋养了精神的生命的原因——精神生命就是启示的力量。

我发现女人看小孩的方式和男人不同。看一个小孩在飞机机舱走道上摇摆地走来走去，有两种不同方式：一种是女人的方式；另一种男人的方式。这就是为什么我说首要的女性力量和美德是慈悲的原因：没有自我中心的孤立，打开心胸参与。

---

① 宙斯与大洋神女之一狄俄涅的女儿。爱与美之女神，维纳斯的希腊名字。——译者注
② 原是一些唱歌女神，后来成为诗歌、艺术和科学的女神。数目不定，有三位女神之说，但更被普遍接受的是九位女神之说。——编者注

甚至在性行为上，男人也是具攻击性的，而女人则是开放的。把自己朝向全体的生命基底，那无所不在的敞开，便是慈悲。认清那自然涌现的感觉，拥抱它，并在行动上具体实践它的就是女性的力量。

觉悟得道

当爱是一切时，一切必然都是爱。

在我的著作《神话的意象》中，我提到一则关于鱼篮观音[①]的美妙故事。观音是伟大的大乘佛教阿缚卢枳帝湿伐逻菩萨（Avalokiteshvara）的人格化现之一，是慈悲的具体化现。

鱼篮观音发现，在中国东海之滨的农村地区，没有人曾听说过“觉悟得道”这回事，他们只对赛马赌博这一类男性的玩意儿感兴趣。因此她化现为一个漂亮非凡的女孩子，来到镇上贩卖刚从河里打捞起来的鲜鱼，她卖完鱼后就消失了。第二天一大早，这位美丽的卖鱼女郎又来了，然后又再一次消失。像这样的情况每天周而复始，没多久以后，镇上所有的男人都拜倒在她的石榴裙下了。

有天早上，大约有十几二十个男人围着她说：“你一定要嫁给我们之中的一个。”她说：“我无法同时嫁给 20 个人，不过明天一大早如果你们当中有人能够背诵《南无大慈大悲观世音菩萨心经》（Sutra of the Compassionate kuan-yin），我便嫁给他。”第二天清早，镇上有 12 个男人能背诵全部的经文，因此她说：“我无法嫁给你们每个人，但我会嫁给明天早上能把这经文的内容解释给我听的人。

① 鱼篮观音是三十三观音相之一，脚踏鳌背，手提盛鱼的竹篮或为手提鱼篮的民间少妇形象。——编者注

第二天，有 4 个人能解释这经文，因此她说："我只是一个女人，不能嫁给 4 个人，但如果你们当中有人在三天后能'体验'这经文的意义，我就嫁给他。"①

三天后，只有一个人在等她。她说："我住的小屋在河湾之处，今晚你到那儿去，你将成为我的丈夫。"

那天傍晚，他走到河弯处，来到一幢小屋前。小屋外头站了一对老夫妇，那老者说："哦，我们已经等你很久了，我们的女儿在里头。"但男人走进去后，才发现屋子里是空的——卖鱼女不在那儿。他往窗外看出去，发现地上的脚印，便寻着脚印来到河边，他又发现近水处有一双小鞋子，但仍然看不到女郎。

而当他站在那河岸时，看到芦苇随风摇曳，便突然领悟到那芦苇和其他所有的自然景物都是她。经由她的诱导和魅力，也就是这些大乘佛教教义中女性人物所代表的意义，男人领会到宇宙涅槃之美的优雅。由于他已了解经文，他明白了自己的体验，他开悟了。

但丁在《神曲》的结尾也有类似的领会。他循着贝阿特丽采的诱导，通过天堂来到上帝的王座，当他抵达时，她已经和三位一体的上帝及各位天使等在那儿了。在三位一体的三个位格神背后，但丁看到代表非位格神的火光圆圈。当时他正觉得奇怪，位格化的形体和非位格化的启发怎么会相同呢？突然间，他了解到整个世界都是上帝的爱和恩典：也就是他最初在比贝特丽采身上体验到的爱。

当爱是一切时，
一切必然都是爱。
无人能阻挡：
爱征服一切。

① 在明朝宋濂的《鱼篮观音像赞》中，写的是鱼篮观音先让人们背《普门品》，然后是《金刚经》，最后是《法华经》，与作者的讲述有一些出入。——编者注

REFLECTIONS ON THE ART OF LIVING

第四部分

神圣生活的艺术

摩耶的力量

> 只要认真专注地看待，每件事物都可以是一扇通往众神的不朽之门。

印度语中“幻象”一词是摩耶（maya）这个词——其动词字根“摩”（ma）有“衡量、量出、形成、创造、建构、展出或展现”之意，既指创造出幻象的那个力量，也指由它展现出来现象的虚幻不实。例如，魔术师的表演便是摩耶；他所创造出来的幻象也是摩耶。军事战略家、商人、演员及窃贼的专业技艺也都是摩耶。摩耶的体验是一种蛊惑，一种魅力，尤其是女性的魅力。针对这个观点，佛教有如下的说法：“在所有的摩耶形象中，女人的形象是最极致的一种。”

摘自《神话的意象》

假如有一个无界的世界，也就是存在二元对立世界形成“之前的”伊甸园，那么还有一个存在事物的世界，亦即二元和多样的世界，那么摩耶的世界就是我们与超越界失去联系的地方。

摩耶是那
把超越界转变成俗世
的力量。

摩耶据说拥有三种力量。

一是掩盖或隐藏“真实”，也就是事物的内在基本特质，类似面纱的遮蔽力量。因此，正如某部梵文经典中所说：“虽然它隐藏在所有事物之中，但是真我自性却没有显现。”

……

第一阶段是遮蔽的面纱，这是由于你见不到宇宙真实的白光所致，也就是所谓的摩耶面纱。这里所谈的意象是白光通过棱镜打散成彩虹般的七彩颜色。这棱镜便是女神由于面纱的遮蔽力量，昏昧的力量，使得白光无法穿透。

二是投射的力量，放送出虚幻的印象和概念，同时也放送出相关的欲望和邪念——例如，一个人在晚上就有可能因把绳子误认为蛇而经历恐怖的体验。在无知（面纱的遮蔽力量）隐藏了真实的基础上，想象（投射的力量）便衍生出现象来。于是我们在经文中读到：“这个投射的力量创造出所有事物的外貌，不论是神的或是宇宙的。”

摘自《神话的意象》中所引《奥义书》

由于投射的力量，世界的各种形象因此产生。棱镜是面纱，同时也是投影器——它阻碍白光，也投射出彩虹的七彩颜色。在这第二阶段，白光透过世界的形象而显现。如果你把许多颜色涂在圆盘上并转动它，你看到的将会是一个转动的“白色”圆盘——那就是启示的力量。所以，当我们以某种特定的观点看这个世界时，现象本身也会显露出通常被它们遮蔽的真实来。

摩耶的启示力量，拥有艺术、圣典、仪式与冥思的功能，它使我们了解真实。

摘自《神话的意象》

艺术的功能在于
彰显摩耶的启示力量。

大海的古老声音，小河的鸟啾声
（冬天已为它们添上银装，
为它们的水和绿叶着上棕黄色，
以点缀衬托出它们的沿岸），
发自不同的声带，可是却是同一语言的基调。
因此我相信，如果我们能够坚强地倾听，而不受
欲望及恐惧的分裂（我们便能领会这个道理）。
在衰败国家的风暴中，在饥荒侵袭城市的激愤中，
也可以发现这些声音
像孩童之音般清晰，
或是像某个独自跳舞女孩的呼吸声
在海边，梦想着情人。

罗宾逊·杰弗斯，《天籁》（*Natural Music*）
摘自坎贝尔《文学与艺术创作中的神话主题》

恐惧和欲望
也是艺术家的问题。

我们需要更多显露
人类心灵急欲体认之事物的诗作。

艺术的首要功能正是我已提过的神话的首要功能，即在经验上带领心通过乐园之门的两个守卫——欲望与恐惧，以到达其中象征觉悟生命的树。以威廉·布莱克（William Blake）在《天堂与地狱的联姻》（*The Marriage of*

Heaven and Hell）这首诗中的话来说就是："如果知觉的门户被清扫干净，那么每件事物便都会以其本来面貌呈现在人类眼前，无穷无尽。"然而清扫门户，亦即扫除手持燃烧宝剑的守护天使，只是艺术的第一项功效，与之同时产生的第二项功效则是，在一根毫发中能见到"成千头金色狮子"。

摘自《文学与艺术创作中的神话主题》

"只要认真专注地去看，每件事物都可以是一扇通往众神不朽永恒的门。"这是乔伊斯的话。是《尤利西斯》中巴克·马利根（Buck Mulligan）所说的。当时的情况是，想着家中问题的利奥波德·布卢姆（Leopold Bloom）[①]正心无旁骛地注视着一罐贝司牌麦芽酒酒瓶标签上的一个红色三角形。当有人要去干扰布卢姆时，马利根阻止他说："……保持一位德鲁伊教徒（Druid）[②]的静默吧。他的灵魂已在远方。从神驰的心象中被唤醒可能和诞生一样痛苦。任何事物，只要认真专注地看待，都可以是一扇大门……"

比如，用双手握住一支铅笔，一个烟灰缸，或任何东西，举在你面前，好好注视片刻。忘掉它的用途及名称，但仍然持续注视着它，并认真地问自己："它是什么？"……抛却它的用途，别去管它的名字，它神奇的一面便随之展现出来了，因为那个东西存在的奥秘和宇宙存在的奥秘是一致的——这也包括你自己。

摘自《野鹅的飞行》

艺术是一种心灵转化的体验。

艺术的启示不是伦理，也不是审判，更不是一般人所认为的人性。相反的，这

① 小说《尤利西斯》中的主人公。他是都柏林的一个小市民，苦闷彷徨的广告推销员。——编者注
② 改信基督教之前的古代凯尔特民族的宗教教徒。——译者注

种启示乃是一种对在一切事物中闪耀光芒之万象总相的惊奇体认。

用最简单的话讲，我想我们可以说，当某种处境或现象在我们内心激发出一种存在感时（并不是指对意义肯定的可能性），我们便体会到了这类的经验。被唤起的存在感程度有浅有深，有强有弱，这要依我们的能力或接受程度而定。不过，就算是短暂的震撼（比如，突然看到城市屋顶上的月亮，或在夜里听到尖锐的鸟叫声），也能产生一种无心状态的体验——一种诗意般的状态，艺术的状态。当这种情形发生时，我们自己超越意义的真实被唤醒了（或许更好的情况是，我们因这种真实而觉醒了），而且我们体验到一种既非思想也非感觉，而是一种内在的冲击。从宇宙层次抽离出来的现象，依据上述这个像幻术般的魔术原理，也把我们抽离出来。事实上，艺术的魔术和魔术的艺术都是从这个状态的经验中衍生出来的，它们所指的也是这种经验。因此，无意义音节的力量，魔术的冗长咒语，形而上学的无意义而冗长语言表现，抒情诗，以及艺术诠释等的功能，乃是为了激起共鸣，而非语意上的涉及它像是巫师的击鼓声，而不是爱因斯坦的方程式。转念之间，我们已将经验分类了，并对它有了可言说的思想和可描述的感觉，亦即在公共领域中的思想与感觉，它们要么是感伤的，要么是深沉的，会依据我们的教育背景而有差异。然而，在我们的生命中必然会有体认到这种存在感的时刻，一种尚未评价、未受干扰、抒情生活般的时刻——它是先于思想和感觉的。这样的体会不可能通过可由经验证实的命题来沟通，只能经由艺术来提示。

摘自《野鹅的飞行》

生活的目标是狂喜。
艺术是我们体验它的方式。

“合宜的艺术”与“不合宜的艺术”

> 我们所看到的多数艺术，不是说教的，
> 就是色情的。

在我所知的范围中，我认为对基本美学理论最清楚、明确的阐述，就是乔伊斯在《一个青年艺术家的画像》中所阐述的。

乔伊斯在他称为“合宜的艺术”与“不合宜的艺术”这两者间做了明确的区分。所谓“合宜的艺术”，是指真正属于艺术的艺术。相反的，“不合宜的艺术”是为不属于艺术的事物服务的艺术。譬如，为广告服务的艺术。此外，在谈到观赏者的态度时，乔伊斯认为合宜的艺术是静止的，因此能引发美学的惊骇感，而不合宜的艺术是运动的，充满了动作。也就是说，它把你推向欲望、恐惧和憎恶。

刺激对有形实体欲望的艺术，乔伊斯称之为“色情的艺术”。刺激对此有形实体憎恶或恐惧的艺术，他称之为“说教的艺术”。所有为社会服务的艺术都是说教的。自左拉（Zola）以来的大部分小说都是出自说教色情作家之手，他们鼓吹某种社会教条，同时又裹着色情幻想的糖衣。

譬如，你随意翻阅一本杂志，看到一则漂亮冰箱的广告。有个女孩子站在冰箱旁露齿现出可爱清凉的微笑，你看了说：“我想要一台那样的冰箱。”那则广告便是色情作品。依据定义，所有的广告艺术都是色情艺术。或者说，你看到一张和蔼老太太的照片，你就想说“我想和这位可爱的老人喝茶聊天”。这张照片便是色情艺术。又假设说，你走进一个滑雪狂的屋子，里面有一幅画着山坡的图画，你就想说：“喔，要去滑那斜坡……”那张画作便是色情作品——你和它的关系不纯是美学的，你只不过把它当成一件东西来感知罢了。我们所看到的多数艺术，不是说教的，就是色情的。

为了有助于解释合宜艺术，乔伊斯找上了托马斯·阿奎那斯[①]。他用拉丁字说明，美学的对象具备三种要素：整体（integritas）、和谐（consonantia）与光辉（claritas）。

假设说桌上有几样东西。用一个框架围住任一部分的东西，这时框框内的东西便不能再被看成是不相连属事物的集锦，而是另一种层次的事物—— 一个单独的实体，一个整体。

已故的巴克敏斯特·富勒[②]留给我们一个以这种方式了解及欣赏事物的定义。

> 要能够了解生命极度的复杂性和宇宙的运作，我们首先要知道“合力”（synergy）这个词。合力是整个系统的行为，它无法被各部分行为所预测。有关这点最神奇的例子，是被我们称为“质量引力”（mass attraction）的现象。一个体积巨大的星球和另一个巨大星球彼此会互相吸引。我们无法单从某一星体本身发现任何可以预测它们会彼此互相吸引的原因。你必须从两者间的关系着眼。因此，是合力使地球与月亮互不可分……合力相对于能量的关系就好像整合相对于分化。
>
> 摘自罗伯特·史奈德（Robert Snyder）《富勒传》（*Buckminster Fuller*）

佛教“缘生，或缘起”（pratitya samutpada）的教义相当于富勒的“合力”理论。当佛陀以拈花微笑说法（传统上这被视为禅的滥觞）时，他只是向众人拈起一朵花，现场唯一了解其中含义的人，只有佛陀的大弟子摩诃迦叶尊者（Mahakashyap），他只是静静地报以微笑表示心领神会。在这个东方几乎已普遍接受的象征中，宇宙被看成是莲花，莲花被看成是水波

① Thomas Aquinas（约 1225—1274），中世纪经院哲学的哲学家和神学家，死后被封为“天使博士”（天使圣师）或“全能博士”。他是自然神学最早提倡者之一，撰有《神学大全》（*Summa Theologica*）。天主教会认为他是最伟大的神学家。——编者注

② Buckminster Fuller（1895—1983），美国工程师，发明家及哲学家。——译者注

下无形生命之水在水面上的征兆，佛教的缘起教义已经隐含其中，因为莲花瓣绝不能被看成是彼此孤立的存在，它们彼此是互为因果的。整个体系就这样产生了，“如来”（tathagata），就像佛陀本身一样。

摘自坎贝尔《世界神话的历史地图集》
（*The Historical Atlas of World Mythology*）

当你在这样的框架内体会到“整体”时，唯一要紧的就是“和谐”地配置每件事物，也就是乔伊斯所谓的“美的韵律”，这包括不同颜色之间的关系，不同物体之间的关系，以及它们之间的空间关系。所有的要素都是这和谐韵律的一部分。一旦这个韵律被幸运地谱成，我们就能体验到“光辉”。也就是个人能了解到，美的对象本身就是美，不需要其他的理由，能作如是观，则个人便沉浸在美学的惊骇中了。

（乔伊斯）写道：“心灵，被掳获并提升到超越欲望和憎恶的境界，眼睛用来搜寻锁定事物为食物，或提醒个人危险到来，这种原始的生理功能至此暂时或（在一个真正艺术家的身上）终生停止下来，而世界（不以它对观赏者福祉关联的判断来看待）则被体会成自身就是美的充分启示。”

摘自乔伊斯《一个青年艺术家的画像》及坎贝尔《伟大狩猎神话》
（*Mythologies of the Great Hunt*）

换言之，这个框架乃是紧密地将物体封闭起来的界线，它使得你所体验到的一切，所有重要的事物，都落在这个界线之内。这是个神圣的场所，你变成了纯粹客体的纯粹主体。你不再需要知道事物的名称或作用。这是美学的基础。接下来，我们要谈的是美学的进阶。

美学的进阶

> 何处是自然的尽头，何处是艺术的开始。

艺术的奥妙使得某种旋律可以使你置身于美学的惊骇中，而另一种旋律却没有这种效果。音乐如果缺少旋律便什么都不是了。旋律是艺术的工具。音乐不止是旋律的组织，更是弹奏时相倚之音阶和音符的组织：四分音符、二分音符等。如果你由 C 大调和弦换到属七和弦弹奏，那是由一个音符到另一音符间关系的组织。那真的是相当大的转换空间。

看爵士乐队即兴演奏是很奇妙的事。当五六位乐师达到协调一致时，便只有一个旋律，虽然他们从未如此弹奏过，但是他们不可能出差错的。

俾格米人吹奏一种小管子，每个管子发出一个音符，他们一群人围坐在一起，每个人吹一根只发出一个音符的小管子。当他们开始吹奏时，美妙的音乐便随之而生：像鸟叫声，也像是森林发出的自然和鸣。

印度音乐一向没有开头，也没有结尾。音乐代表某种意识的层级，它是持续不断进行的。当你去参加印度的音乐会时，你会觉得那是最奇怪的活动。他们摆弄着乐器，调调音，弹奏出尖锐的声音，这种情况要持续半个钟头左右。然后他们开始正式弹奏。在整个过程中，音乐仿佛是持续不断地进行着，而乐师只是插入其中，选择一段音乐随意弹奏一段，然后又跳出来。它和西方音乐完全不同——不仅没有张力和舒缓，也没有开头和结尾。它一直在那儿。

音乐的组织和建筑的组织间存在有某种关系。所有的建筑都是一种空间的组织。它恰巧拥有一种和空间有关的功能。纽约市的世纪俱乐部是桑福德·怀特[1]在 19 世纪末设计的一座很重要的建筑物。它是具有历史性的纪念建筑。大厅非常和

① Sanford White（1853—1906），美国建筑师。——译者注

谐，是一间比例协调得让你觉得平静的房间。不过，为什么会有这种效果则是很神秘的。

我能想到的唯一答案是塞尚所说的："艺术是近似自然的和谐。"当然，这涉及两种自然——外在世界的大自然，以及内在自然本性的世界。也就是说，当艺术家意图要安排"一种近似自然的和谐"时——他的意图可能都涉及说教或色情，这种和谐就会与你内在的某种质素交感共鸣，并使你固着在美的惊骇中，于是你便得到一种巨大的"震撼"体验。因此，艺术的功能在于打开可触、可见有形世界中的必朽事物，以使得光辉——与你内在的光辉相同，能够闪耀其中。

我认为在日本最能强有力地感受到这种和谐。在那里，你自己的自然本性不断地受到召唤，你不知道何处是自然的尽头，何处是艺术的开始。当某座花园建造完成时，设计花园的人告诉他的儿子何时修剪树枝："当它长到这里时，折断它。"这样，它看起来才像大自然。与内在自然本性协调的大自然是一种艺术。那种和谐是这个韵律的第一阶段。这是基本的。抽象艺术或任何种类的艺术都必须以这个韵律的概念来思考。依据你要诉说的内容，选择你在诗中所要运用的韵文形式，一个接一个和谐音，彼此共鸣。这全是韵律，是依触动你感官性节奏感构思而成的。不同的韵律便意味着不同的反应。

阻碍这和谐韵律的两个动力正是佛陀所面对的两大诱惑——驱使你拥有事物的贪欲，以及促使你远离事物的憎恶或恐惧。当你采取行动拥有或远离某项事物时，你便会针对充满诱惑与恐怖的幻象世界作出反应。而美的惊骇，也就是不为贪欲或恐惧所动的心灵状态、精神状态或其他任何状态，正是相当于佛陀在不动之点菩提树下所经历的体验。那是不为所动之点。那是你与周遭形象世界关系中，一种心理的宁静状态。

享乐与控制（还有与它们相反的憎恶及恐惧）的生理冲动，以及评价（善

恶真假）的社会冲动，就这样消失不见了，取而代之的是一种纯粹的狂喜，在这种境界中，自我沦丧与提升是一件事。这样的冲击是“无法以言语形容的”，因为它不能以涉及其他事物的方式得到解释。焦虑源自使人类陷于纠葛中的脑神经网络，而心从这些要享乐、争胜和求正确的焦虑中解放出来——也许是一时、一天，或是永远。自我消融了，除了生命之外再也没有其他焦虑存在，而生命是无所不在、永远长存的。中国和日本的禅师称此状态为“无心”的状态。古典的印度词汇则有莫克夏（moksa）[①]，解脱、菩提、觉悟及涅槃，欲望之风的超越。那是当心领会到美的意象的清晰光辉时所产生的状态，此时的心为其整体所震慑，为其和谐而神驰。乔伊斯说：“心，在那雪莱即刻成诗的神秘境界中，可以被优美地比喻成是逐渐冷却的炭火。”

摘自乔伊斯《一个青年艺术家的画像》

因此，美的媒介，也就是诱发美学惊骇的韵律工具，乃是摩耶的启示力量。

美的惊骇

天父的国遍布尘世，可人却看不到它。

艺术家技艺的运用可以是做一顿火鸡大餐，也可以是创作一些除了美感外毫无用处的艺术。当我用“艺术”这个字眼时，它是和“神圣丰盈之美”及“美的惊骇”有关的。吃火鸡是没有“美的惊骇”可言的。那是生活的行动，是你必须做的事。换言之，你吃下已被宰杀的生物，然后把它放入你的身体系统内。它和美的惊骇及体认到光辉是完全不同的。你是要凝视这个东西，还是把它吃掉？吃东西是和欲望及憎恨有关的。

① 意为从受苦和快乐中解脱出来，获得绝对的自由。——编者注

这两者间的区别要视它是摩耶的投射力量，还是当你注视它时呈现的启示力量而定。清楚地区分这两者间的差别是很重要的。如果你关心的是如何用那事物有利于自己，逃避它的弊端，或是要不要吃它的问题，那么你的观点便带有欲望和憎恶，它也就是佛陀的试练和摩耶的投射力量。

这种把乔伊斯美学理论与摩耶的概念结合起来的说法，给我一种奇妙的启发。今天早晨，我一觉醒来后告诉自己："老天，过了80年后我终于明白了。"我早已知道有关美的惊骇的种种含义，但我从未将它与摩耶的概念连贯起来。是你的心智状态决定了你体验到的是投射力量还是启示力量。世界上本来就有这两种模式的存在。并不是世界变了，而是你的意识状态改变了。

美的惊骇是这种焦点转变的结果。"天父的国遍布尘世，可人却看不到它。"你能够在美的惊骇中看到它。不过，为了通过这种焦点转变的经验，以发展内在性灵的深度时，那些试图圆满达成此一人生目标者，应该把神圣空间搁置一旁。当你想到神圣空间在传统文化中的地位时，你就知道它是为启蒙仪式和冥思静坐而存在的。如果你已经很充实，不需要进一步的启蒙，那么你就算没有这样一个空间也没关系。然而，只要你尚未触及那最终的灵性深处，而且你除了外在生活层面，仍有兴趣要丰富和建构你的内在生命，你就必须要有某个地方，以某种方式来修炼。

当你达到这个内在的心灵深度时，整个世界都会为你开启，而你在生活中的活动也会充满灵性的光辉。圣杯古堡便是以体验美的惊骇来冒险的场所。圣杯则是你从这个坚实封闭的场所中体验到的全然忘我感与精神充实感。就好像探测石油一样：你放下管子，探测油矿，然后你了解到遍地都是石油。不过，你必须首先下潜到某处去发掘它，这就是这里提到的下潜到冒险的领域。

我认为，如果你能想象自己处在美的静止境界中，就能了解什么是对现实恐惧与贪婪欲望的抽离，也会了解轮回就是涅槃，是那转动世界中心的静止之点。所有的一切皆归于它。于是，世界便成了你从中抽离事物的展现，不过，你仍然可以自愿地投入："愉悦地参与这俗世的苦难。"这和被迫与世界发生关联是非常不同的。

意识状态自静止转变为动态，乃是伊甸园中人类的堕落。佛陀所解脱的束缚——欲望、恐惧和社会责任——是世俗的事务。你可以自愿地投入其中，但被迫地投入是与摩耶有关的。如果你能把握这点，你便把握住我所能教给你的一切。

罗摩克里希纳在提到梵天和沙克提——或称为女神戴维（Devi）时说：梵天是那静止之点，浩瀚银河对他而言是不动的；沙克提则是运动、愉悦和痛苦；而这两者是一体的。这就是密宗中“雅雍”（Yab-Yum）[①]的概念。

依乔伊斯的分析，我们有怜悯和恐惧的情绪。恐惧不同于害怕和憎恶。它是一种同时能了解到超越界运作原理和时光隧道效应——即世界的苦难的状态。它是一种静态、静止的恐怖，而不是奔放迁移的恐惧。它是对慈悲的体认：一种将自己与人类受苦者等同的情操；不是贫穷的受苦者，而是人类的受苦者，这就去除了为社会说教的意味。你可以说，你认同自己是“受苦的上帝仆人”，而这个恐惧之情是超越所有运动，而直趋歌德的静止之点——战栗（scaudern）：因了解世界的非凡卓越而生的战栗。这就是全部的内容。

我们也许可以补充说，女人以情欲或爱的方式使男人得以转变：女人以诱惑者的姿态引诱他到世上来，而贞女——贞女生子的母亲玛丽亚，则把男人引到超越的境界，也就是超越个人主义的基督精神。就我看来，每件事物在这个简单的体悟下皆各安其位了。

我的一生只有一份工作，一个太太，以及一个意象，也就是圣杯。这就是一般所谓的保守主义。《一个青年艺术家的画像》中有一段精彩的对白。书中斯蒂芬的朋友听了不少这类异端邪说，他问斯蒂芬是否想成为新教徒。斯蒂芬回答说：“我已经失去了信仰，但还没有失去自尊。抛弃一个合逻辑而有条理的荒谬，再去拥抱一个不合逻辑的、无条理的荒谬，这算是什么样的解放呢？”

---

① 雅雍，俗称欢喜佛，指的是印度、尼泊尔和中国西藏地区佛教艺术中男神与女性配偶相互环抱的形象。——编者注

宗教的艺术

人类总是能在艺术的世界中看到女神。

公元1世纪前的佛教艺术大多数都是叙事性的：佛陀的一生以及类似主题的散漫无章艺术，虽然佛陀本身的图像从来没有被画出来。然而，随着大乘佛教对“轮回”即“涅槃”以及“一切皆是佛”的理解，早期的佛陀意象和其他意象也开始出现——所有的这些意象的呈现乃是这个理解的展现，而艺术本身也就成了佛心的展现了。于是，它使光辉变得显而易见，这也是我们一直谈论的主题。

相对而言，我不认为在基督教艺术中有此概念，因为在正统教义的说法中，人以外的有形事物并不被认为可以受到基督的感召。我们只能在《托马斯福音书》中读到：“劈开木头，我在那儿。举起石头，我也在那儿。”因此，我们在基督教传统中只能找到掌故的艺术。钉死在十字架上的图像就是耶稣在十字架上受难的轶事。那不是启示。它不会引发美的惊骇感来。那是说教。早期基督教艺术的用意便在说教，因为当时没有人识字。在中世纪，基督和他的使徒及门徒的故事在沙特尔大教堂（Chartres Cathedral）[①]被完整呈献出来。

我到过那儿5次。有一次我对照一本指南，认出每一扇玻璃窗上的人物。他们全是基督教传统中轶闻掌故的主角，我还可以在那里找到整个基督教的教义。不过，教堂的花形格子圆窗确实能显露出光辉来。那是壮观的艺术。注视着它，人便能体验到美的惊骇感。而那大教堂本身便是个艺术品。

在某个神话领域内，象征的细节内容确实反映出当地有形的历史和环境，然而它们却是心的一种秩序，被理性诠释成精神洞见的一种表达……

① 位于法国北部靠近巴黎的一个小镇，是13世纪歌德式大教堂的所在。——译者注

庙堂(或是欧洲的大教堂)的用意就是这里所指出的。在这个环绕的空间中，每一项建筑特色都有自己的隐喻，它是特别为仪式的完成而设置的。

在这样的环境中，心仿佛回到了家，回到自己的地方：它从日常清醒意识世界的混乱景象中被移开，在生命不断吞噬生命的恐怖景观中，体认到这一现象基底的和谐（是出自人的本性），于是心得到了歇息安宁。因此，仪式的功能在于把个人的生活带入与非主观判断的观点调和一致的境界，它用的方式不是在一个虚幻不实的世界中维系粗糙的自我，而是在变化不定的狂喜中合力的参与。

摘自《伟大的狩猎神话》

沙特尔镇环绕着大教堂而发展，恰如古代的宗教城市都是以庙宇为中心发展起来一样，庙堂代表的就是整个城市赖以生存发展的精神食粮。今日的我们没有可相提并论的事物。

我曾在沙特尔镇有过一次最令人惊异的经历。我在那儿待了好几天,体验这一切，教堂管理员跑来问我要不要帮他敲午钟。当然要啦！我们便爬上教堂北面有座大钟的尖塔。大钟就在脚下，上面是个像跷跷板、中间有个横贯小栏杆的东西。管理员站一端，我站另一端，紧抓着两人之间的小木块。他推了一下，钟开始动了，而我们的头发则被风吹了起来，脚下的钟也开始“当——当——”地响着。我们在那上面有四五分钟之久。真是令人兴奋。后来，他带我下去看他住的地方。

这类大教堂都有个中央的本堂和一个交会通道。另外，东面还有一个被唱诗班帘幕围绕起来的突出半圆地带。唱诗班的帘幕大得足以在里面设立一个小房间。管理员的床便在唱诗班帘幕后的小房间，他就住在那里。你可以从那儿往外看，黑色圣母就在各个图像之间。他在那儿过的，是享有特别恩典的生活。所有事物都汇聚在一起——意象、建筑物、生活的节奏、上钟塔敲钟等。那是一种优美调和的存在。

在十二三世纪，有一套以“圣母奇迹”（Miracles of the virgin）之名流传的故事，内容包含了一些神奇的小罗曼史。其中最可爱的一则——多年前曾在纽约被改编成一出精彩的舞台剧，是关于一位修女在和情人约会的当天，被指派去刷洗教堂的地板。画像中的圣母走了下来，接下刷地板的刷子和木桶说：“走，去做你要做的事。”她并没有照大主教的规则行事。

因此，艺术是圣母的媒介。艺术是摩耶启示力量的工具。借助这个工具，我们可从地球到达超越界。人类总是能够在艺术的世界中看到女神。

在新教社区中，由于对圣母崇拜深恶痛绝，因此艺术是不存在的。走入任何一个新英格兰的教堂，你都会看到教堂是很漂亮的，但赞美诗却是你唯一能找到最接近艺术的事物。我出生便是天主教徒，后来和珍结婚，她的父亲是新教牧师，所以我参加的第一个新教礼拜仪式就是和她一块去的。我们站在那儿唱着圣歌，我对珍说：“你们新教徒没有意象，只有注视这赞美诗中的意象——上帝来到我的小房间，以及所有这一类的事。”

我所经历过最有趣、愉快的礼拜仪式是在大急流城①，在一座有华丽彩绘玻璃的漂亮教堂内举行的，我在那儿进行了一场为庆祝发源于凯尔特族的万圣节之讲道，题目是“不招待就捣蛋”（Trick or Treat）。仪式进行到中途时，教堂的门打开来，所有会众的小孩全都戴着面具走了进来。较大的孩子在前面带领，后面的孩子依年龄大小依序鱼贯而入，最后进入的是那些戴着诡异面具、正在摇摆学步的小宝宝。戴面具的小孩代表即将出世的灵魂。接下来，孩子们排好队站在一架直立式钢琴旁边，并唱道：“我已经花了一整天的时间在制作道具服装。”那真的是灵性的体验：孩子们、唱诗班——都是当日会众的成员，那真是一种心灵的升华。

接下来，我走上讲坛。讲坛是个武器，如何使它产生力量也是一门艺术：单是讲坛位置的配设——它和其他人的关系位置，就别有玄机。除非你曾站上讲坛过，

① Grand Rapids，美国密西根州西南部的城市。——译者注

否则你无法了解你拥有的力量。当你站在那儿时，没有人能伤害你。你站在船首，朝正下方人海破浪前进。我两年内讲了两次。第一次，我对讲坛有点儿敬畏之意，不过第二次我就知道该怎么运用它了。

艺术家应具备的条件

> 梵高在世时从未卖出一件作品，现在他的几件作品，就足以成就一座美术馆。

对我而言，艺术家是一个称职的艺术从业者。四处涂涂抹抹不见得就是个艺术家。我曾听过一则别人对艺术家所下的严肃定义："任何在电话簿中称自己为艺术家的人。"我不同意这个定义。即使在实用艺术中，作品讲求完美的原则也是一项基本要求。

艺术家是已完成艺术作品者，不是只动念想要创作的人。不论作品在今年或明年能否卖得掉，都不会影响它身为艺术品的真正价值和定义。梵高在世时从未卖出一件作品，但现在他的几件作品，就足以成就一座美术馆。他有极大的心理问题，但却是位艺术家。

"艺术家"这个词可以用在许多方面，其中最主要的两个极端就是：称职演出的人及美术领域的艺术家。除非你能称职地演出，否则你无法在美术领域成为一位艺术家，但你仍能在烹饪或特技表演等领域称职演出。不过，美的惊骇体验是和美术有关的。人们不会在观赏杰出的水管安装工作中寻求美的惊骇感。因为那样一来，它的"真正"功能就丧失了。

当迷幻药刚问世的时候，我听过一个有趣的实验。4 位桥牌玩家在预知服了药后要玩桥牌的情形下，各自被施予轻微剂量的迷幻药。他们在发牌并各自拿起牌后，就只是一动不动地盯着牌看。他们没人玩牌。这就是美的惊骇，是神圣空间的例子。此时，桥牌除了激起美的狂喜之外别无他用。原先在世俗享乐生活中扮演某种角色的东西，突然间变成了物自身（thing-itself），也就是终极的事物。

在行动中，你只是试着做动作和你想要称职的表现是有差异的。它对了解你自己到底在做什么有很大的帮助。你要做好什么？你要成为一位画家或是毕加索吗？这是你人生成就的领域吗？那是一种真正的奉献生命。

不论你做什么职业选择，都会有一段学习和分析的阶段，也就是当你不在行动中时，你的身体便没有动作。任何教授技艺的人都知道有这个阶段，学生在这个阶段中会分析动作并尝试去做，但却无法进入情况。最后，当事人终于能够表达出其想要表达的东西来。

我对此第一次也是最强烈的一次体验，是当我和珍一起来到伊沙兰教授舞蹈课时。她课上的学生对舞蹈技巧不感兴趣，却想要跳舞。他们所谓的“创意活动”就是到外头去，张开双臂，做出对着海洋呼吸等动作，但一点也不美。

一群芭蕾舞者在杠上练习身段时，的确是没什么美感可言的。接下来，他们开始跳舞，但仍时时想着舞步设计，而且他们的动作也很做作。不过在最终，设计的痕迹消失了，自然流露的反应再度成为整个舞蹈的主轴。有种关于艺术的老生常谈的说法：“你需要学习所有的规则，然后，忘掉它们。”也就是说，让它们消融回归到纯粹的行动中。

当没有受过和我同等学校教育的年轻人，想要从事写作、编辑等这类工作时，我注意到他们并不真的具备完全的条件。我曾雇用过一群聪明的年轻人来帮助我做一些编辑的工作，却发现他们不懂德文、不懂法文，不知道这个、不知道那个。这使我意识到这些年来学校教育所赋予我的一切，有好多的辛勤汗水都潜藏在水面下。人们见到的只是冰山一角而已。

当你在写一本书时，你是顺着你的灵感和直觉的波浪前进，然后你会面临一个困难的阶段，一个你必须要照顾的领域，以便由这点发展到下一点，你的前进动力因此停顿。这就是你必须遵循规则的时候了。

在运动的领域中也是如此。在你反复练习之后，有许多动作你已能流畅地做到了，但在某些环节上，你必须依照规则行动，以便移动你尚不能运用自如的身体。我想到的例子是撑竿跳和高栏，这两项运动光是练习基本动作就得花上许多时间。还有高尔夫球——你要如何握住那球杆？当你想着这一类问题时，你是不可能打得流畅的。在技术面的一切都被消化吸收后，你将比你在被迫逐项学习它之前，拥有更强的推力。

我完全不认为查尔斯·斯诺[①]的立论是合适的，即把科学——知识或生活的理性计算层面，看成是与自发的人文活动生活完全背道而驰的态度。它们是互补的。以文学中写作十四行诗为例：那需要大量练习，才能使那种结构成为自然流露之物，但当它真的涌现出来时，你便可能说出某种非十四行诗的形式无法说出的事物来。形式和表达，这两者是密切相关的。

如果你要依据你所知的内容来行动，你就不能只是紧抓住自己的知识不放，你必须将它化为行动。这是艺术的全部。学生不断地学习——学习技巧、规则及他必须努力的事，当他能熟练地操作这一切时，他才能够进行下一步。

创造性的行为不是
紧握不放，而是让渡给
新的创造性运动。

让我们想象一下一个人学习弹钢琴的例子。再也没有比邻居学弹钢琴，成天练习指法更糟的事了。这些练习曲一点儿也不好听。它们的功能在于使你的弹奏流畅灵

① Charles. P. Snow（1905—1980），英国小说家及物理学家。——译者注

巧。过一段时间你便能流畅自如了，它是自动发生的，那时你不必再想“do……re……me……fa……”。虽然分析可以促进充分行动的能力，但是当你不断想到规则时，你行动的流畅性便受到阻碍了。这在每件事情上都是不移的真理。想要成为艺术家但尚未学过这一技巧的人，是永远不可能成为艺术家的。

如果你发现自己在挣扎时，
回到学校里去。
你还没有出师。

“作为治疗的艺术”和“纯为艺术的艺术”之间有极大的差异：前者在于使病人变为常人，而后者则在于以艺术带领个人超越人的层次，进入新的领域。两者的差别在于，在治疗的过程中，技术和艺术客体皆不具重要性，因为你试图要做的只是把一个脱离常轨的人恢复正常而已。艺术中的治疗操作程序是把一个人变回他自己，使他再度变成为一个和谐平衡的人。不过，艺术是来自和谐的人类——“艺术是近似自然的和谐”。如果一个人尚未接近自然，那么艺术便只是把他带向那种状态的治疗工具。你可以说，治疗的艺术是尝试要“弥补”。它只有对当事人而言才是艺术。

艺术家为神而舞

> 舞蹈——他觉得自己是一个神，在忘我之境中漫步。

高度讲究形式的舞蹈如芭蕾和印度舞，是我们现在谈论主题的极佳例证：为了操控身体所必须学习的项目，所有那些练习动作，暂时扼杀了舞蹈。在印度舞中，整个身体被分解为动作——有眼睛的特定动作以及手的特定动作等。然后，再把身体各部分动作汇聚起来，实现艺术中的本质转化。在舞者能真正做到这点之前是没什么好看的，然后——我的天，另一个层次的本质出现了。

舞蹈
是生命本身
的最高象征。

在歌舞中，人所表达的自己是较高层团体的一员：他已忘了如何走路及说话，而正以飞跃舞动的姿势投入空中。他的每一个姿势都具有魔力……他觉得自己是一个神，在忘我之境中漫步，就像他梦中亲睹的神一样崇高……他不再是个艺术家，他已成一件艺术品。在一阵突发的酣醉中，所有自然的创造力以“一即一切”的最高狂喜，在他身上展现。大自然以它真实且不加掩饰的声音极力呼叫我们：“和我一样！我是不断涌现的形貌中生生不息的原初之母，不断推动进入存在的世界，永恒地在这些转型中得到满足。”

尼采语

艺术是要将你带出
你自己纠结
的双翼。

斯宾格勒在他称为“装饰艺术”和“模仿艺术”的两者之间做了有趣的区分。装饰艺术的主要例子是建筑，建筑一旦完成，就是没有时间性的，它就安放在那儿。模仿艺术则以舞蹈为例：如果你没有看到某项特定的演出，你就不可能再看到那场舞蹈。它是属于某个生命片断的事物。这个概念对我了解许多艺术家的不同问题深具意义。舞者生涯中令人惋惜的事情之一就是，这种伟大的时刻是独一无二的，当时不在场的人就错失了。比如，安娜·帕夫洛娃[1]的演出，如果你错过某一场演出，它就不再有了。

① Anna Pavlova（1881—1931），俄国芭蕾舞者。——译者注

自从和珍结婚后，我的生活就和舞蹈世界很接近。她把舞蹈看成是她生命的“一部分”，因此当她不再能跳高度讲究形式的舞蹈时，她仍然能坦然以对：因为生命才是她的第一要务，而非艺术。珍拥有一项美好的事业，她还有一位乐观其成的先生。就在我们结婚时，她加入了玛莎·格莱姆（Martha Graha）舞团，那是一个拥有不凡舞者的杰出舞团：摩斯·肯宁汉（Merce Cuningham）、艾瑞克·霍金斯（Erick Hawkins）、简·达德利（Jane Dudley）和珍。相信我，他们都是一流的舞者。

舞者在晚期所必须做的重大转变是，不再把舞蹈看成是一种演出或展览，而就像鸟儿为唱歌而唱歌一样，只要是身体感觉得到的距离，移动到哪儿都是令人愉快的一件事。从这种转变中会生出一种生命来，因为你是处在自己心灵所需及欢乐的行动中心，而那光芒将会放射到你所做的其他事情中。整个世界都会加入你的舞蹈中。

我们真正想做的只是舞蹈。

祭舞是为了神祇而跳的，不是为了观众。这是当你试图把民俗舞蹈摆到舞台上表演时，所出现的问题之一。那是为人们的欢乐而跳的舞，它也没有其他的方式可行。舞蹈从我们的宗教中摒除出去的时间，可以追溯到中古时代晚期，这使得舞蹈变成一项纯粹世俗的活动。

我现在正在处理一位曾到印度习舞的年轻人的遗作。他是珍在纽约大学属下的提斯克艺术学院（New York University's Tisch School of the Arts）[①]的学生之一，他因为被印度舞蹈深深吸引而前往印度。他是个年轻的犹太人，一直学习着如何成为一位犹太教士。当他前往印度时，他的家人深感痛心，因为他不仅是去那儿学习舞蹈，更是去学习湿婆这位异教神祇的舞蹈。身为一个具有宗教情怀的人，他深深地为印度舞蹈中的宗教意念所吸引：神是舞者，你必须变成神才能崇拜神，才能找出你内在的神。他所体认到的是，为观众而舞与为神而舞是完全不同的两个意念。当你独处，

① 全美最佳的美术学院之一。——编者注

在自己的住处时，你是为神而舞，并与它合而为一。这整个概念乃是怛特罗佛教的基础：要崇拜神，你必须成为神。不论你怎么称呼神，或怎么看待它，你所崇拜的神都是你有能力变成的神。

神祇的力量是把大自然和你本性中的力量予以位格化所产生的。当你到达了那个层次，你就可游戏其中了。那就是一般的艺术作品，因为艺术真的是一种崇拜。

艺术家的未来

你可能没有工作，但却有生活。

选择职业的方式有两种。一种是研究未来 10 年不同性质工作所提供就业机会的相关统计数字，然后依此求职谋生。另一种方式是问自己"我要做什么"。如果你这么问，你就是在和自己的决定作对。不过，如果你说"我要从事我要做的事"，并且坚持下去，那么就会有意想不到的事发生。你可能没有工作，但却有生活，那会是很有趣的事。

在幸运之轮中，
智慧指向轴心。
幼稚指向轮圈。

我认识成打的艺术家，除非他们成为商业艺术家，否则他们大多数都不知道生活将何去何从，也不知道会变得怎样。你该看看学舞的孩子们所过的日子，他们是没有就业机会的。如果你真的想知道从事没有就业机会的专业是怎么回事，到演员学校去看看就知道。看到这些年轻人朝气蓬勃地进来，却得不到就业机会，真是令人气馁。

正常的情况下，也许许多年，你在你的艺术和职业生涯，也就是你生命成就的活动领域中努力工作，但却赚不到钱。不过，你必须过日子，所以只好找份工作，也许是某种你有兴趣但不需要花费太多力气的工作。比如，你可以教别人你正在从事的艺术活动。因此，你可能有份教书的职务，也同时拥有神圣的空间和时间来进行自己的创作。我会称你的艺术为“你的创作”。你的职业则是你的工作。

你在工作上表现得太好了，于是你的雇主要把你升迁到更高的职位。你必须要比以前投入更多心力于工作中，你的待遇更高，但你的新工作责任会减少属于你的自由时间。我的忠告是，不要接受升迁。不要接受任何比赚得基本生活开销所需收入更多工作负担的职务，因为你不是要在你的工作中成长，而是在你的艺术创作中成长。你随时可在校园中看到升迁的后果：你不断升迁，一直升到行政工作的职位，然后它把你所有的一切榨干。艺术家所必须建立的结构，不是为社会服务，而是要发掘内在心灵的动力。

要做到这点，也就是在尽到你的责任及做好分内之事的同时，仍能滋养你的创造性，你就必须把自己安置在一个密闭的退省时空，以便在每天的特定几小时内完全不受干扰——不论你能争取到多少时间，在那段时间里你都是绝对不受侵扰的。你可以在自己所需时间以外多给自己几小时，但你必须确定自己有足够的精力和时间剩下来照料你必须照顾到的事情。

这就好像做运动一样，你会腾出一段时间来做运动，那是一段神圣的时间。对于你的艺术，你也应比照办理：每天拨出一定的时间给你的艺术，并持之以恒。因此，不管你有没有写出东西，每天都在那儿坐上几小时，这是艺术创作两大要素——沟通与表达的冥思。顺利的话，随着你既有责任的减轻，你逐渐地——可能不会是一两周内或甚至一年内的事，会有更多的时间来从事你的艺术活动。我所讲的重点是，你的创作——也就是你的艺术，与你的职务不应互相干扰。

创作的历程

创作的历程总是横冲直撞的。

创作的历程总是横冲直撞的，这甚至也适用于我写书这件单纯的事。席勒（Friedrich Schiller），这位歌德时代的德国诗人，写了一封有趣的信给一位遇到写作障碍的年轻作家——那种障碍，是作家拒绝内在召唤的结果。席勒在信中说："你的问题是，在抒情要素还没有机会表达出来之前，就引入了批评要素。"以诗词为例，我们在年轻时花了大量时间研读莎士比亚及汉弥顿的诗，但是当我们要开始写可怜的小诗时，我们却想："哇，我的老天。"

写作时，
别去批判涌出的字句，
就让它们涌出。
不要想批评的问题：
我会赚钱吗？我是否在浪费时间？

我的写作和我所听过的其他领域的写作是有极大不同的。已有一大堆的神话资料，而我已熟读了四五十年。处理的方式有很多种。最普通的方式是将材料搜集起来，并出版一本学术著作。然而当我在写作时，我试着要得到一种自己与素材间共享经验上关系的感觉。事实上，除非有这种感觉，否则我无法写作。就好像把它放入某种绞肉器中，绞拌出某种新事物一样，但又不致扭曲原始的材料。当它能以这种方式聚合在一起时，是很令人兴奋的。

除非我真的对某材料有感觉，否则我不会去写，而我对材料的选择是依据它们能否发生功效而定。通常神话素材的写作几乎是一种欺骗，因为不论如何它全都已初具规模。所有的基本概念都已在那儿了。你只要认出它们来，就大功告成了。这是最要命的事：你正往前迈进，突然间发现自己说了些自己并不知道已经说过的话，因为它全在那儿。

当我在写作时，我想到整个学术界：我知道他们是怎么看待这个素材，但我和他们的看法不同。我只能说："抛弃掉你们的断头台吧！你还是得聆听这个信息的。"我总是觉得自己好像在穿越两块互相冲撞的岩石，它们就要闭合起来，而我则要设法在那想法打倒我之前穿过去。那是个很奇怪的过程：我真的撑开那门，让字句涌现出来。不要去想负面的事。总会有负面的事发生，但如果你要做从来没人做过的事，你就必须撑开那扇门。你必须暂停一切批判意见来做你的工作。在写作时，你必须一直这么做以便让字句流泻出来。暂停批判的意见乃是斩杀"你应该"的龙。杀掉它。

先写出来。
别理评论家，只管写。
然后，你可以引进
批评意见加以剪裁。

如果你因为在想"谁会看到我写的东西"而有困扰，那么就该想想你认识的，并能对你所说的话引起共鸣的人，为他们而写。心中想着某个特定对象是极有助益的事，除非你不再需要听众。譬如，想着一群用可爱小眼睛仰望着你的小孩。和他们交谈。为他们而写。在书中，你常可看到作者诚挚地把书献给某个为他而写的人。以《爱丽丝梦游仙境》(*Alice's Adventures in Wonderland*)为例，便是写给一个特别的小女孩。当我开始写作时，我脑中所想的是我在莎拉·劳伦斯学院的学生，那些我曾实实在在接触过的人。我知道他们的想法以及他们听得进去的话。

因此，我认为破除所谓"写作障碍"的两件要素是：第一，有个你倾诉的对象；第二，每天空出几小时来，就像你给这个人写情书一样。

写作障碍来自
太多的思虑。砍掉你的头。

珀伽索斯（Pegasus）[①]和诗
都是在美杜莎的头被砍下来后
诞生的。
写作时你必须横冲直撞，
在你良心允许的范围内，尽可能的疯狂。

当你有材料决定形式的感觉时，你就是在写作了。这可能很快便发生，也可能花上你一段时间，才找出思路来。当我开始写《上帝的面具》（*The Masks of God*）这本书时，我一口气写完该系列的第一本书——《原始神话》。我完成得很匆忙，因为有人提供我一大笔钱到日本参加国际宗教史协会（International Congress for the History of Religions）召开的盛大会议，所以我快速把这本书写完。后来，这本书的反应令我印象非常深刻——它写得比我原先想的好太多了，所以我在开始写第二册时，有一阵子写不出东西来，直到我对自己说："听着，别想这些，大胆说出自己的想法，专心写书就是了。"我感谢上帝，我曾读过席勒写给那位年轻诗人的信。

在宗教中，我们常提及对上帝的恐惧以及对上帝的爱。对上帝的恐惧会阻碍你，对上帝的爱则促使你前进。如果你能做你自己喜爱做的事而不畏惧批判，你就能进步，并从中找到乐趣。你很快便能感到愉悦。记住，佛陀的第三个试炼是责任（dharma），也就是做人们期望你做的。那是对社会检查的畏惧。

在你写了某些东西后，把它打印出来你要再斟酌一下，因为它和手稿的形式有所不同。在你对纸稿感到满意后，请把它送给出版商。他接受后再把校样送来给你时，你会想要再看看。每当你的作品以不同于脱手时的面貌出现时，你都会对它有一种客观的态度。就某方面而言，你成了读者而不是作者，你将以一种新的眼光看待它。这种技巧是把事物转变成艺术作品的部分过程。我认为如今有许多人并不了解作为一位艺术家的真正意义，他不只是一个写作的人而已。我的意思是，要兼具技艺、态度和意愿才能体认到这层道理。除非它已具体成形，否则就不是艺术。

---

① 诗神缪司所骑的飞马。——译者注

掏出你心爱的事物，
杀掉它们，
否则两年后，
你会后悔自己没有那么做。

不要将你的珍珠丢在野猪面前

> 生命中所有形式都是不完美的，只有艺术能在不完美中看到光辉。

如果你要留在村子里，整个村子都会照料你。然而，如果你外出冒险，那么选择正确的时间出发才是明智之举。如果你到晚年才开始有此想法，如果当这个灵光闪亮时你已经负担了人生的各种责任，那真的会是个问题。

以高更为例，他不仅把自己生活搞得一团糟，还把家人的生活都搞乱了。然而，随着他的生活变糟，他的艺术却变得越来越伟大。直到大约 45 岁时，高更才开始认真作画，然后他便把生活融在他的画作之中。他的历程是英雄之旅，却付出极高的代价。这是个讽刺：你可以说作为一个人，他过得一团糟，但身为艺术家，他是成功的。

接下来有一种经验是，你带着珠宝回来却没有人要它："不要将你的珍珠丢在野猪面前。"因为人们会转而对你产生抵触，通常不是所有人都欢迎你凯旋的。你听过艺术家走在他"时代前端"的故事，这种艺术家只有在一个半世代后才有人欣赏。

20 世纪四五十年代期间，珍和一些毫无名声的艺术家共事，但 20 年后，这些人都变成顶尖的人物。以约翰·凯奇①为例，他为珍的四支舞做了配舞，而当时却默默

① John Cage（1912—1992），美国作曲家。——译者注

无名。他那时行径极端怪异，但他只是坚持做自己想做的事，而后渐为人知。如今，他已是这个领域的重要人物。

他也说过："名气并不重要。"名气的光环转眼即逝，一个人可能置身其中3分钟、30分钟，或者从来不曾有名。不过，名气并不是艺术家努力的目标。唯有商业艺术家才会这么说："不论他们要的是什么，我都会提供给他们。"真正的艺术家是依他拥有的天赋而自然表达的，而这种天赋的敏感性意味着，"我必须将它表现出来"。

然而，艺术家有时候会深深受到创造冲动的迷惑，因此你可以说："生命消失了。"这也是瑜伽修行者的问题之一。当他得到启发时，生命消失了，你无法再回来了。这是一位尚未真了解自己生命的艺术家所必然会有的结果。

深爱灵性的同时，
你不能鄙视尘俗。

乔伊斯便是这么个人——我的天，那是多么了不起的一生啊！你在读理查德·埃尔曼（Richard Ellman）所著的《乔伊斯传》(*James Joyce*）时，你会怀疑说谁能活出那样的一生来。你不知道他怎能忍受它，他的家人怎能忍受它，他的朋友怎能忍受它。不过，看看他所成就的。我的意思是，如果你有眼光可看得出来的话。

乔伊斯花了12年的时间才完成《一个青年艺术家的画像》。他在1904年以一篇散文开始这个写作计划，但整本小说直到1928年才出版。而且，如果没有叶慈将乔伊斯推荐给协助他出版的埃兹拉·庞德[1]，我们到现在都不会知道乔伊斯是谁。

当时，他已写了《都柏林人》(*Dubliners*），并正进行着《尤利西斯》，这本书他

① Ezra Pound，美国著名诗人，意象派的代表人物，他与艾略特同为后期象征主义诗歌的领军人物。——编者注

花了 7 年才写完。他仿佛说："就是这样，我必须把我对事实的体悟有系统地写成这本书。"

第一版的《尤利西斯》被纽约和英国海关焚毁，我想只有一两本留下来。最后他必须在法国出版这本书——当我还是学生时，那是唯一能买到《尤利西斯》的地方。美国人根本不知道它的存在。

他花了 16 年写了《芬尼根守灵夜》，你们都应该读读这本书初版时的书评："这家伙在干什么？他疯了吗？他是不是丢给我们令人疯狂的工作呢？"第一版的《芬尼根守灵夜》在出书后两个月之内便被廉价出售，以尽快赚回成本。我买了 4 本精装本，每本只花五角六分钱。书卖得这么便宜，作者可是什么都拿不到的。

乔伊斯在 59 岁生日前三星期死时，尚有最后一本著书计划没有进行。他不是我生活中的模范，但却是我与艺术关系的典范。托马斯·曼说，乔伊斯可能是 20 世纪最伟大的小说家。不过你看，他付出的代价有多高。

乔伊斯忍受了所有这些痛苦，因为他的目标是完美。完美是隐含在艺术中的满足，而他达到了。不完美是生命。生命中所有形式皆是不完美的，但艺术的功能则是在不完美中看到光辉。

艺术家将
各种创作的形式
开启到超越的境界。

因此，我所了解的艺术乃是摩耶的启示力量：在音乐、舞蹈、视觉艺术及文学等的创作中，皆有这种"神圣的丰盈之美"，产生美的惊骇的创作毫无实际用途，但却打开了内在层面。而另一方面，我认为摩耶的投射力量是恐惧和憎恶，它们卓越的论述把你和与主体对立的客体联系起来。这是非常清楚明白的。

印度的庙宇艺术

> 你必须转变成神的立场，以了解神的意象所赋予你的意义。

在印度，艺术有两种：一种是美学艺术；另一种是庙宇艺术。美不是庙宇艺术的目标，它关心的不是要吸引艺术家或观赏者的眼光，而是要影响并促成他们心理的转化。这里，我们进入了另一种艺术。意象的来源是心的幻象。欧洲人有很长的一段时间不知道如何欣赏印度艺术。印度诗歌及哲学能够得到欧洲人的欣赏，但印度艺术则一直要等到他们了解到意象并不是事物的代表，而是心灵转型的工具时，才知道如何欣赏。

以乔伊斯而言，我会说《芬尼根守灵夜》是一本能使读者心灵转化的书。如果读者真的用心读它，并弄懂乔伊斯所说的，那么书中就有能转变个人与世界关系的影像。

库马拉斯瓦米（Coomarasuamy）将相当多的注意力投注在印度宗教艺术作品的概念形式上。举例说，有位艺术家想要在翩翩起舞的湿婆神这个主题上创作。他先研读了有关湿婆的教材，以了解这个意象该如何构成，神的手中应该握什么等这类的事。接下来，他念诵神的名字，静坐冥想，从他自己的意识中产生出舞蹈的湿婆神意象，这样呈现在我们面前的，便是由内在而非外在衍生的心象了。

我们通常会试图以一种美学的角度来观看大自在神湿婆，我们只把它看成一个艺术品。然而，湿婆神的信徒却把这个客体变成他自己意识核心中对应湿婆本身的开启——“我就是湿婆”。这和只观看湿婆的意象是很不同的。

我们往往根本无法以一种美学的方式来体验印度的庙宇艺术，因为它的原意是要造成另一种效果。你必须转变成神的立场，以了解神的意象所赋予你的意义。印度庙宇艺术不是色情的，因为你不会对描绘的事物产生兴奋的欲望。假如说，你到美术馆去渴望得到美的体验，你体验到的是静态的美，尽管它可以使你的意识产生转化，但是它会在你心中产生一种新的静止。当你感受到美的惊骇时，便会产生一种心理的转化。你变得不再是贪恋感官色欲之人，你在美的惊骇中沉稳下来了。庙宇艺术在这个层面上更往前推进一步，使你对世界一切事物的意识都改变了。这个发生在你身上的变化是永久性的。或许我们可以说，真正的艺术是庙宇艺术。不过，试图造成美的惊骇的艺术和试图造成心灵转化效果的艺术之间是有差异的。你可以说后者并不纯然是艺术，它是一种宗教的设计。

“多愁善感的”艺术家与“纯真的”艺术家

> 艺术家是把艺术看成生命，而生命不是艺术的人。艺术不过是生命的一个面向。

有些艺术家活在痛苦中，有些则不然。毕加索身边有一群来来去去的太太和女人，生活过得棒极了。任何一位太太所做的事对他都毫无影响。我不认为毕加索的生活是痛苦的。我去看了两次在纽约当代艺术博物馆展出的毕加索回顾展，其中一个房间挂了25幅画，都是毕加索在一天之内完成的。是什么力量驱使他做出这样狂烈的行为？他肯定是生活优裕的那一类艺术家，因此可以很轻松地创作艺术，这也显示了他天赋的伟大技巧。

我读过瓦格纳（Wagner）的自传，真是棒极了！他同时写三部歌剧，谈三场恋爱，还对这些女人的丈夫不愿意拿钱赞助他的歌剧而愤恨不已！他的崇高无人能企及！他神话学知识远超过同时代任何已知的学者。在“指环系列”（Ring Cycle）中，瓦格纳将日耳曼神话的两个面向结合成为一个整体，即英雄的旅程和宇宙的秩序——来到世界和离开世界。最厉害的是，他同时也写歌词，并用管乐器和法国号等乐器将乐团扩大，其规模之大相当于他发明了一个全新的乐团！他更设计了可能是欧洲有史以来最好的剧院。我完全不了解他如何能一手包办这些事。我想有些人就是如此精力充沛，不能用普通的标准来评断。

我从不认识一个不要钱的艺术家，但他们不主动追求钱，他们把心思放在其他地方。乔伊斯向他所认识的每个人要钱，但他无法同时赚钱和做他想做的事，即花16年写《芬尼根守灵夜》。将那庞大的负担带入“他的生活斗室”，是乔伊斯唯一能做的事。

席勒是个敏感、聪明的艺术心理学学生，他区分了两种不同类型的艺术家：一种是“多愁善感的”艺术家；另一种是“纯真的”艺术家。他以自己和歌德来做范本。他自己是个多愁善感的艺术家——也就是没有伟大工具，不注意自己身体健康，把艺术看成是他的生命，而生命不是艺术的人，“每件事物”都变成了他的艺术主题。歌德则是个纯真的艺术家：有丰富的生命，是地方政治的重要人物，艺术不过是他生命的一个方面而已。在这一类人中，有些人比别人需要更多的指导，但歌德具有不可思议的直觉、伟大的能量和活力。他是个高明的艺术家。

托马斯·曼根据席勒的概念写了一篇很有趣的报告，名为《歌德与托尔斯泰》（*Goethe and Tolstoy*）。他将陀思妥耶夫斯基比为“多愁善感的艺术家”，就像席勒形容他自己一样，而将托尔斯泰比为“纯真的艺术家”。托尔斯泰是一位地主，他经常穿上一件质地精美的纯丝衬衫，到外边去和他的佃农一起采收谷物。他假装自己是个农人，但那也不过是游戏的一部分罢了。

比较这两种不同类型作家的作品是很有趣的。席勒与陀思妥耶夫斯基这一类型的作家有高度跳跃的倾向。他们的作品中有一种强烈而戏剧化的冲突。另一方面，托尔斯泰和歌德两人属于温和型的作家，他们的作品中有史诗成分和伟大庄严的有力篇章。相反的，在陀思妥耶夫斯基的《罪与罚》（*Crime and Punishment*）中，充满了痛苦——是一种内向、心灵剧痛的生活。这是两种不同的方式，两种不同的性情。这痛苦不是多愁善感的艺术家所追求的，而是他们将自己所有生命能量交付给神圣丰盈之美，但却毫不在意日常生活的结果。

神圣丰盈之美

> *慈悲所及乃是艺术所及之处。*

因此，我们要以艺术填满神圣的空间。当我说到“艺术”时，我的意思是指“神圣丰盈之美”，而不是乱画一通或你房子里的漂亮装饰。神圣空间不能以实用价值来衡量。透过对事物“如来”（thus come）——“神圣的丰盈”的冥思，个人不具立即实用价值的层面才能呈现出来。我认为有机的成长以这种方式到来，而不是以进入实用活动的方式出现。

实用的活动只有在有机系统臻于成熟后才出现，否则它只会以一种扭曲的方式出现：当事人会认为自己不过是个水管工人或其他类似的角色罢了。这就是像印度等传统文化中的问题，那里的人从一出生就像饼干模型般被融入他们种姓阶级的社会责任中。而除此之外，他们什么都不是。他们永不可能成为独立的个体，只是全体的部分个体罢了，也就是在大结构中扮演螺丝钉角色的人。

我认为东西方理想中的人有很大的差距。东方理想中的个人不是战士就是商人，或是类似的角色，除此之外就别无其他特质的人了。然而在西方，个人便是个独立的个体，希腊就有完全个体的概念，这与东方依社会需要把人训练成某种特定生活模式的人的概念显然是完全不同的。我曾在德尔斐（Delphi）[①]体验到这个完全个体的概念，你在那里看到的每件事物都是相关的：神谕、艺术、剧院，以及山顶上的运动场等。

对大多数的人而言，艺术的生活是一种要全心投入的事，需要大量的苦工才行。罗摩克里希纳对启明的评语，也同样适用于艺术：“除非你像头上着火的人急着找池塘一样，否则不必追求启发。”那太困难了。

对已婚的女性而言，她对艺术的追寻也需要丈夫默默的支持才行。我可以告诉

① 希腊古都，以阿波罗的神谕见称。——译者注

你们有关这方面的事。我知道许多舞蹈界的女性，在结婚后，先生却无法忍受了。当然，一个家庭要能包容像舞蹈那样讲求训练的艺术是很困难的。舞蹈这件事是这样的，如果你没有好好训练，下次上舞台时就会很明显地表现出来了。

珍有一次说过："艺术家和神秘家的道路类似，但神秘家缺少技艺。"技艺使艺术家得以和世界的现象保持接触，并和它保持一种关系，亦即持续评价世上每一事件的独特性。相对的，神秘家却是如此要命的抽象，以致除了乞讨的钵之外，他们和生活毫无瓜葛。当然，有时候这些乞讨的钵也可能非常有生产力。有些印度教的导师就募进数百万元，但那并不表示他们和生活相关。

我曾在美国和欧洲看过艺术家的训练。他们受训的范围仅止于技艺的范畴。他们学习到表现事物的技术，但却不知道怎么来运用它们。我知道很多艺术家就这样崩溃了。因为他们的艺术技巧成为他们无法突破的一道墙，所以他们就试图想以轶闻或故事的方式来表现，以炫耀他们的技术。他们满脑子都是为社会服务的想法，他们认为要是没有达到教育世界或传递某种教训的目的，他们就没有了艺术的作品。然而事实上，艺术品的定义乃是"神圣丰盈之美"。

你在这里面看到摩耶的投射力量和启示力量了吗？只要欲念和憎恨的主题左右着你，它便是投射的层面。你自己就是摩耶的制造者，而当你的态度是佛陀的态度时，你也是那揭开启示力量的人。当我了解到这一点时，真是非常激动。我认为，艺术以及艺术的知识可以作为当代西方人通往启明的道路。它将你从各种锁链中解放出来。它不会禁止你去练习那些你不相信的事，但却可以在你和自己生活中的事物联系起来前，帮助你达到那美的境地。

你已失去艺术。
艺术超越道德教训。
慈悲所及之处
便是艺术所及之处。

象　征

> 一滴小水珠包含了大海的风味，一粒粉尘浓缩了生命整体的奥妙。

乔伊斯的秘诀在于
看到了那无所不在的象征。

……佩里博士（Dr. John W. Perry）把具有生命力的神话象征描述为“情感意象”。它是直接敲击与它有关的部位。它并不先传向大脑，让大脑解释、了解。相反的，如果它必须被大脑解读，那么象征便已死了。“情感意象”直接到达感觉系统并立刻引起反应，此后，大脑才会提出它有趣的评论。

我们的内在有某种共鸣的脉动，针对外在显现的意象反应，就像一条乐弦回应另一条同调的乐弦一样。因此，任何特定社会团体的有力象征，在它的所有成员间激发起这种反应时，一种神奇的和弦把他们结合成一个精神的有机体。虽然各个成员分散于空间各处，但因为这个因素的作用，他们在存在和信仰上却是一体的。

摘自坎贝尔《生活的神话》

一旦你了解象征的事物，
你就可以看到无所不在的象征。

奇妙的是，触发深层创造中心的特殊力量，就蕴藏在极短的枕边童话故事中——好似一滴小水珠包含了大海的风味，一粒粉尘浓缩了生命整体的奥妙。因为神话的象征不是制造出来的——它们无法被排列成序、发明或永远受到压抑。它们是心灵能量自然流露的产物，各自带有其源头完整的潜力。

摘自《千面英雄》

神圣的显现是无所不在的，只是我们的眼睛没有开启罢了。象征开启了我们的眼睛。

真正的象征会将我们带到圆心，而不是到圆周的另一点。通过象征系统，人类有效且有意识地与他自己最深层的自性接触，与他人接触，并与上帝接触……

托马斯·默顿语，摘自《生活的神话》

象征通常并不能开启
我们的眼睛，反倒会将它们封闭。
如果我们把象征具体化，
就被它困住了。

因此，简言之，就好像美洲水牛突然从北美大平原消失一样，这使得印第安人不只被剥夺了一个重要的神话象征，也失去了这个象征一度提供的生活方式。同样，在我们自己的美丽世界中，我们共有的宗教象征不仅失去了权威并消逝而去，而且它们过去提供的生活方式也消失了。

而正如印第安人已转向内在一样，我们这个困惑的世界中有许多人也是如此，而且常常是通过东方而非西方的指引来进行这种转换。这可能非常危险，而且往往是鲁莽的内在冒险之旅：向内追寻在我们这个凡俗社会中的情感意象，而古老而矛盾的宗教组织已无法为此做出解释。

摘自《生活的神话》

这个世界已经被凡俗化了。

月亮的奥秘象征

> 这不朽的奇妙银盘，漫游在美丽的群星之间，快速穿过云层，并把清醒的生命转变带入一种梦境。

破壳而出的小鸡
是复活节精神的象征。

宇宙之蛋是许多神话所熟知的意象，它同时出现在希腊奥菲主义(Orphic)[①]、埃及、芬兰、佛教及日本的神话中。“太初之时，这个世界仅是无。”这是我们在印度教的圣典中读到的。“它存在、发展，然后变成一个蛋。经过一年的孵化后它分裂为二。其中一部分变成银，另一部分变成金。银的那一半是地球，金的那一半是天空。外层的薄膜是山。内层的薄膜是云和雾。静脉血管是河流。里面的液体为海水。以后出生的是远方的太阳。”宇宙之蛋的壳是世界的空间架构，而内在繁盛的种子力量所代表的则是取之不竭的自然生命动力。

摘自《唱赞奥义书》(*Chandogya Upanishad*)及坎贝尔《千面英雄》

小鸡破壳而出，正如大蛇蜕皮，或新月照亮原来的月影一样。

蛇及月亮死于它们的过去，
抖落它们的阴影以便重生。

飞行中的鸟和十字架上的基督，两者皆象征自地球的束缚中解脱的心灵。月亮就像基督一样，死了再复生。月亮有三个夜晚是全黑的，耶稣停留在用石头遮住洞口（亦即遮盖月亮的黑圆盘）的墓穴也是三个晚上。根据阳历和阴历的复活节日期

① 古代希腊的民间宗教，又称奥菲教，信奉“肉体可朽、灵魂永存”。——编者注

说明，生命正如月亮重新发光和太阳永远发亮一样，终究是一体的。整个奥秘就在基督教的象征中。

此外，月亮、夜空的奇观、星星及银河，自太初以来便形成人们惊奇和深刻印象的来源。然而事实上，月亮对地球、地球上的生物、潮汐以及我们内在的变化具有物理上的影响，这长久以来已被明确认识，也被潜意识体验到。月经周期和月亮周期的巧合是建构人类生命的生理真实，也是人们怀着好奇心观察到的奇妙现象。超凡世界与人类世界之间生命建构关系的基本概念，实际上很可能来自于体验和思想上对月亮周期的体认。月亮的死亡和复活，以及它对向着月亮唱歌的家犬、野狼、狐狸和豺狼影响的奥秘也是如此：这不朽的奇妙银盘，漫游在美丽的群星之间，快速穿过云层，并把清醒的生命转变带入一种梦境。它在神话的塑造上，是比太阳更强大的力量及存在，它的光辉和由星星、夜音、激情生活、梦的神奇等组成的世界，则因太阳的出现而在白天止息了。

摘自《原始神话》

露水是从月亮掉下来的
神仙食物。

这个月亮的象征学是很古老的：月神在美索不达米亚平原叫做辛（Sin）；摩西爬上的那座山名叫西奈山（Sinai），它可能是神的山。当摩西自山上下来时，他因为接收到神的能量而容光焕发，所以他在脸上戴着一层面纱，而从他前额则发散出光角——也就是月亮奥秘之角。

月亮的周期是28天，这就是我们阴历的一个月。对我们而言，这些日子中的每一天都代表某些神圣的东西：有两天代表伟大的灵；另两天是大地之母；有四天代表四种不同的风；有一天是代表斑鹰；一天代表太阳；一天是月亮；一天是晨星；有四天是四个年龄；有七天是我们七个伟大的仪式；一天是美洲水牛的；一天是火；一天是水；一天是岩石；最后，还有一天是两条腿的人类。如果你将这些日子都加了起来，你就知道总共有28天。你也该知道水牛有28根肋骨，而我们经常戴的羽饰也是28根羽毛。你看，万物皆有其重要性，而这些是值得人类了解及铭记的事。

黑麋鹿语

敬畏促使我们进步。

……在跨文化沟通的当代世界中，人们的心在跳出本土的藩篱后，在异国的形式下，能够认识到经验与理解的共同领域。许多神职人员及社会学家认为有8个不同的神祇，但比较神话学者及心理学家却能把他们看成是同一件事物的不同层面……

摘自《原始神话》

神话中的神祇是
大自然中我们周遭能量的人格化。

因此，神和女神可被理解成是不灭存在的长生仙药的化身和守护者，但他们本身却不是终极存在的原初状态。因此，英雄通过与神的交融是为了追寻他们的终极目标，终极目标并不是神祇本身，而是他们的神性，也就是支撑他们本质的力量。只有这神奇的能量和本质才是不朽的……

摘自《千面英雄》

依你自己的中心而活。

要了解三位一体这个象征概念所解决的问题，其关键在于怛特罗佛教的一句话："要崇拜神，你必须先成为神。"也就是说，你必须在自己内在触及那相当于你现在专注崇拜神祇的意识层级。

在三位一体中，圣父是你注意的焦点所在。你是圣子，是知道圣父的人。而圣灵代表两者之间的关系。

就我看来，没有三位一体概念隐含的意义，你是不可能有“神”这个概念的。换言之，三位一体是神，知道神的人和二者间的关系，是一种逐渐上升的理解，使你越来越接近神圣的上帝。

神性就在你的心中。

……还有更进一层的理解……也就是日语中所谓的“事事无碍”——“事物之间，不可分割”。事物之间的不可分离性这项真理，是以宝石之网这比喻来说明的：宇宙是一片撒开的大网，每个网点上都有一颗宝石，每颗宝石不仅反映出所有其他宝石，也映照在所有其他宝石之中。另一个意象是花圈。在一个花圈中，没有一朵花是其他花朵的“成因”。不过凑在一起，就全部都是那花圈了。

摘自《生活的神话》

这个世界表面的
分隔
是次要的。

伟大的物理学家薛定谔[①]在他那本震撼而卓越的小书《我的世界观》（*My View of the World*）中，也提出同样的形而上观点。“所有有生命的存在物都是一体的，”他在书中宣称，“只要我们都是那唯一宇宙存有的某一面的话，这个唯一存在或许在西方专有名词中可称为‘上帝’，但在《奥义书》中的名称则是梵天。”

摘自《生活的神话》

① Erwin Schrodinger（1887—1961），奥地利物理学家。——译者注

超越相对世界的
是在我们所有人身上
看不见，但却可以经验得到的整体与同一性。

在我们存在的每个粒子中，我们全都是意识的沉淀物。同样的，动植物也是如此，金属附着磁铁，海水则随月亮而有潮汐。

摘自《野鹅的飞行》

地球是今日
唯一合适的“社群”象征。

……我们要在这整个宇宙中，认识到一个由我们内心最深处的本性放大形成的映像。这样，我们才真的是它的耳朵、眼睛、思想和语言——或者以神学的字眼来说，是上帝的耳朵、眼睛、思想和神谕。基于同样的道理，当下参与创世行为的人也是它的一部分，这个创造活动在我们心灵的无限空间中持续不断，因为它，星球才能飞行，而我们的地球也才能成为它们中的一员。

摘自《生活的神话》

大地之子

> 如果你不了解自己，那么你就在贫乏之中，你就是贫乏。

愉悦地参与
世间的苦难。

至为明显的课题……是了解生命惊奇与奥秘最高神圣象征知识的第一步，在承认生命的怪异本质以及那特性背后的光荣，亦即了解这就是生命的原貌，它不可能也不会被改变。那些自以为知道宇宙如何能够更好地被创造，自以为如果由他们来创造，宇宙会更好，可以没有痛苦、灾难、时间和生命的人——他们声势浩大、人数众多，是不配觉悟的。还有那些想说“让我先改造社会，然后再改变自己”的人——这种人也很多，甚至连上帝安详大厦的外门都进不去。所有的社会都是邪恶的、苦难的，不可能平等的，而且它们将永远如此。因此，如果你真的要帮助拯救这个世界，你就必须要学习如何活在其中。一个自己还不能依生命本来面貌的知识，学习以喜悦的苦难和苦难的喜悦态度活在这个世界的人，是绝对做不到这点的。

摘自《生活的神话》

我们无法矫治这个苦难的世界，
但我们能选择快乐地活着。

夜晚由波士顿飞往纽约的飞机，会飞过人口高度密集的地区，你在飞机上可看到车灯形成的河流，就像流过血管的分子。你真的会觉得整个事物是个奇怪的有机体。地球的生命要视正被破坏的沼泽地和其他地形的发展情况而定。没有全体概念的人，会在环境的发展上做出很不幸的事来。

如果那些领导你的人对你说“看啊，天国是在天堂”，那么天堂之鸟会抢在你之前到那儿。如果他们对你说“天国在大海中”，那么鱼会比你先到。天国在你的内心，也在你的身外。如果你愿意去了解自己，你就可被了解，而且你也会知道，你就是活在当下的天父的儿子。然而，如果你不了解自己，那么你就在贫乏之中，你就是贫乏。

耶稣基督语，摘自《托马斯福音书》(*The Gospel Accoding to Thomas*)

你必须带着莫大的喜悦
回归世界
然后与它融合。

每当我走在第五大道上时，每件事物就这么分裂开来，成为一个个次原子粒子，我想："哇，老天，这就是了。这是摩耶的经验——一种感官产生的幻象，如果真有摩耶的话。"那是个很棒的想法。

他的门徒对他说："天国什么时候降临？"耶稣回答说："它不因期盼而来，它们不会说'看看这里'或'看看那里'，但是天父的国遍布人世，人却看不到它。"

摘自《托马斯福音书》

回归世界是看到
无所不在的光辉。

在华盛顿的总统写信给我，表达要买我们土地的意愿，但是，你怎么能够买卖天空、买卖大地呢？这种概念对我们而言很陌生。我们并不拥有空气的清新，也不拥有流水的亮丽。因此，你怎么能够买它们呢？

地球的每一寸大地对我们而言，都是很神圣的，每一根灿亮的松针，每一片海滩，黑森林中的薄雾，每一片草地，每一只嗡嗡作响的昆虫，所有生物，一枝草一点露，在我们的记忆及经验中都是圣洁的。

我们可以感受到树干里流动的汁液，就像感受自己身体内流动的血液一样。地球和我们都是对方身体中的一部分，每一朵充满香味的鲜花都是我们的姐妹，熊、鹿、鹰都是我们的兄弟，岩石的尖峰、青草的汁液、小鸟的体温，都与人类同属一个家庭。

小溪和大河中流着闪烁的流水，那不只是水而已，那是祖先的血液。如果我们把土地卖给你们，只愿你们不要忘了它们都是神圣的。清澈湖泊上朦胧的倒影，映照出我们民族生活中的每一桩事件和回忆。潺潺的流水正是我们祖先的话语。

所有的河流都是我们的兄弟，滋润了我们，河水载负我们的独木舟，河水喂养了我们的子孙，你们必须善待河流，如同善待自己的兄弟一样。

如果我们将土地卖给你们，请不要忘记空气是我们的珍宝，空气同人类分享了它的灵魂。我们的祖先由出生到死亡都是和风看顾的，我们子孙的生命精髓也是和风给予的。因此在土地卖给你们之后，你们必须保留它的独立和圣洁。将它视为人们可以品尝那沾满花香与和风的地方。

我们曾教给子孙的一切，你们愿意继续告诉你们的子孙吗？你会教导他们说大地就是人类的母亲，会降临到大地上的一切，也会发生在它的子孙身上吗？

这是我们所知的——人类并不拥有大地，人类属于大地。就像所有人类体内都流着鲜血般，所有生物都是密不可分的一样。人类自己并不编织生命之网，人类只是碰巧搁浅在生命之网中，人类所有试图要去改变生命的行为，都会报应到自己身上。

有一件事是我们已知的——我们的神和你们的神是同一个。大地对神而言是很珍贵的。对大地伤害越多，表示轻视造物者的程度越深。

你们的目的对我们而言是一个谜，世界会变成什么样子呢？如果所有水牛都被屠杀了，所有的野马都被驯服了，所有森林中的秘密小角落都被人类侵入，所有果实累累的山丘都插满了电线杆时，世界会变得怎么样呢？灌木丛要长到哪儿呢？消失了！老鹰会去哪里呢？消失了！如果生活中没有了飞奔的小马和狩猎，会变成什么情况？那不是生活，而只是求生存。

如果最后一个红种人的天性都消失了，如果他对过去的记忆只是一片飘过草地的云所投下的阴影，这时河岸和森林仍会存在吗？这时我的子民们仍能保有他们祖先的精神吗？

我们看待这片大地的心情，如同新生儿敬爱母亲的心情。如果我们将大地卖给你们，请和我们一样珍爱这片大地，像我们一样看顾它，要在你们心中常保对大地的记忆，在你们心中常存大地原貌，将大地原貌保留下来给你们的子孙，并像神爱护我们一样去爱护大地。

你们和我们一样，是这片大地的一部分。大地对我们是珍贵的，它对你们也是珍贵的。我们确知一件事——上帝只有一人，人类只有一种。不论白人还是红人，都不应被区分。我们毕竟应该是兄弟。

西雅图酋长语①

太空荒漠中的绿洲——地球

我们具有内在的规律，世界因而有序。我们在探究它的神奇时，也同时学习到自己的神奇。

世界和我们相配。
我们也和世界相配。

在不可思议地飞升进入无涯的太空，并多次绕行干涸的月球后，他们开始漫长的归程——他们的目的地，也就是这个地球，是多么美丽而温馨的景象啊！它（太空人）说："好像无垠太空荒漠中的绿洲！"这里有个生动的意象：地球——这太空中的绿洲，不寻常的神圣小树林，宛若特别为生命的仪式而设。

不单只是这个地球的一部分或一个区域，整个星球都成了一个圣所，一个独立、幸福的场所。此外，我们更进一步看清，人类这个自天堂诞生的地球是多么渺小，而我们在这个旋转、明亮而美丽球体上的处境又是多么的危险。

……我们是从月球拍摄所看到的这个美丽星球的后代。我们不是被某

① 1852年左右，美国政府去函询问印第安酋长西雅图，要求购买印第安部落的土地，以供美国新移民移居之用，酋长西雅图回了上述信函。——译者注

个神遣送到地球上的，而是来自地球本身。

摘自《生活的神话》

心灵是自然的芳香。

因此，我们可视自己为地球的耳、目和心，正如我们身体的耳、目和心一样。我们的身体与地球，这“无垠太空荒漠中的绿洲”是一体的。而这个无限空间的构造与牛顿的心——我们的心、地球的心以及宇宙的心的构造相同，它通过我们自己，在这片美丽的绿洲中开花结果。

摘自《生活的神话》

神话的首要功能
是要净化你所在的场所。

诗人里尔克[1]写道：“这个世界，是巨大的，然而在我们内在，它和海一样深。”我们具有内在的规律，世界因而有序。我们自己也一样神秘。我们在探究它的神奇时，也在同时学习到了自己的神奇。向外飞行的月球之旅飞入了我们的内在。我说的是事实，是出自历史角度的说法。我的意思是，月球之旅的成功及其电视实况转播，已将人类意识状态转化、深入和扩大，其程度之大，在某种意义上，已相当于一个全新精神时代的开启。

……那可爱的卫星已经在那儿环绕地球有40多亿年了，好像一位芳心寂寞的女郎试着要捕捉地球的眼神般。她现在终于抓住了它，因此也抓住了我们。

就像过去这一类诱惑得到回应时的情形一样，一个前所未有，超过我们所能想象，更丰富、更令人兴奋且更令人满足的新生命，已为我们双方开启了。就在我们当中的年轻一代，会有人住到月球上，会有人前往火星。

① Rainer Maria Rilke（1875—1926），奥地利诗人，出生于布拉格。——译者注

而他们的后代呢？他们的旅程会是什么？

摘自《生活的神话》

遵循你内心直觉的喜悦而行。

什么是新的神话？新的神话的内容为何？既然神话是诗的规律，我们先请教诗人吧。比如，惠特曼在他的《草叶集》中说道：

我曾经说过灵魂并不优于肉体，
我也说过肉体并不优于灵魂，
对于一个人来说，没有什么东西——包括上帝在内——能比他自己更伟大，
无论是谁，如若心无同情地走过咫尺的路程，便是在穿着寿衣走向自己的坟墓，
无论是我还是你，囊中空空的人也可以购买这世上的精品，
用眼睛一瞥，或指出豆荚中的一粒豆子，就可以胜过古往今来的学问，
任何一种行业，青年人都可以去继承，并使自己成为一个英雄，
无论多么柔软的物质，都可以成为旋转着的宇宙的中心，
任何男人或女人，请让你的灵魂冷静而镇定地面对百万个宇宙。

我也对人类说：对上帝不要寻根究底，
因为连我这个对于一切都好奇的人也并不想知道上帝是什么东西，
没有任何言词能形容我对上帝和死亡是如何漠然。
我在任何事物之中都能听见上帝，也能看见上帝，但仍一点也不理解上帝，
而我也不能理解，还能有谁比我自己更精彩。

为什么我还希望要比此刻更清楚地看见上帝呢？
我在一天的每一小时甚至每一瞬间中，都看见了上帝的踪迹，

在男人和女人的脸上，在镜子里面的我自己的脸上，我都看见了上帝，

在大街上我得到上帝掷下的书信，每一封信都有上帝的签名，

但我把这些信留在原来的地方，因为我知道不管我走到哪里，永远都会有别的信件如期而至。

惠特曼的诗句不可思议地回应着大约公元前8世纪、最早期的《广林奥义书》中的旨趣。

这是人们说的，‘崇拜这个神！崇拜那个神’。——一个神接着另一个！所有这一切都是他的创造！而他自己是所有这些神祇……他在这宇宙中甚至进入我们的指甲尖，好像剃刀盒中的剃刀或薪柴中的火一样。人们看不到他，因为人们所见到的他是不完整的。呼吸时，他的名字叫‘气息’；说话时，叫‘声音’；看时叫‘眼睛’；听时叫‘耳朵’；想时叫‘心’——这些不过是他行为的名称……

人们崇拜神时应想着他是我们的自我，因为这么一来，这一切都成为一体了。这个自我是那个全体的足迹，因为借由它，人们可以知道那全体——这实在就像跟踪足印，人们便可找到遗失的牛群一样……一个人应只把真我当成可爱的事物来崇敬。而凡是如此，把真我当成唯一珍爱的事物来崇敬的人——他所珍视的事物就真的不会枯萎……

因此，凡是崇拜自我以外神祇的人，心里想着‘他是一个，我是另一个’，就根本什么也不懂。他好像是奉献给神的祭品……

摘自《广林奥义书》

真的，诚如早期诺斯替教派《托马斯福音书》所记述的，我们难道不是从基督身上听到同样的信息吗？

凡自我口中饮者都应变成我，而我自己也将变成他，而且所有隐藏的事物当会向他显现……我是全体，全体从我而生，而全体成就了我。劈开木头，我在那儿。举起石头，我也在那儿。

摘自《托马斯福音书》

新的神话

平等地被看待成“宇宙之心”的中心。

如果你要得到全部，
神会把它给你。
但你必须准备好才行。

现在，我们已不再有地平线了。随着地平线的消失，我们已体验到并且持续体验到一种非常好的冲撞，不只是民族间的，还是神话之间的冲撞。这就像隔开两间极热和极冷空气房间的木板被抽开时，这些流动力量便汇聚成一股冲力……这就是我们现在体验到的。我们正顺着它，朝向一个新世纪，一个新的诞生，一个崭新的人类处境——今天活在地球上的人，没有哪个社群能够说，它拥有通往这一黎明的关键、答案或预言。也没有任何人会被谴责。所发生的一切都是完全自然的，就像它的痛苦、迷惑和错误也同样自然一样。

摘自《生活的神话》

你的目标是要像
神一般的平静
却以全速前进的能量去生活，
就像酒神狄俄尼索斯能骑在豹子身上，
却不会被撕成碎片一样。

神话，或者说神话和宗教，乃是伟大的诗句。当你这样看待它们时，它们就会毫不谬误地在事物和事件中，指向每件事物中无所不在的全体之

“呈现”或“永恒”。以这点而言，所有的神话，所有的伟大诗作，以及所有的神秘传统的功能都是一致的。而任何这种激起精神作用的心象仍能保有其效用的文明，在它范围内的每件事物和生命都是生机盎然的。因此，神话如果要把生命表现于现代生活中，所必须满足的第一个条件就是清理那知觉之门，以便通往我们自己和我们是它耳、目及心的宇宙的惊奇——既恐怖又迷人。

摘自《生活的神话》

一位年轻的美国原住民
在他的成人礼上，
得到一则小小的建议：

“在人生的道路上，
你会看到一个巨大的坑洞。
跳过它。
它没有你想象的那么宽。”

因此，回到我们开头的问题：什么是——或者什么将是，新的神话？

它是——而且永远会是，只要人类存在的话，古老、生生不息、历久弥新的神话，就其“主观的意义”而言，神话诗意般的更新既不是依据记忆中的过去，也不是投射出的未来，而是当下。也就是说，它不是用来阿谀奉承各“民族”的，而是用来唤醒个人，了解他们自己，不是只用来为自我在这个美丽星球的表面上争夺一席之地服务，而是平等地被看待成“宇宙之心”的中心——每个人都以他自己的方式和全体合一。

摘自《生活的神话》

REFLECTIONS
ON THE
ART OF LIVING

约瑟夫·坎贝尔基金会简介

约瑟夫·坎贝尔基金会是一个延续约瑟夫·坎贝尔作品的非营利性企业，探索神话学和比较宗教学领域。基金会的三个主要目标是：

第一，基金会保存、保护坎贝尔开创性的作品。这包括为他的作品创建目录，进行存档，基于他的作品开发新的出版物，管理他已出版作品的销售和发行，保护他的著作权，在基金会的网站上提供坎贝尔作品的数字形式，以扩大人们对他作品的了解。

第二，基金会促进神话学和比较宗教学的研究，包括实施和／或支持各种神话学教育项目，支持和／或赞助那些旨在增加公众了解的活动，捐赠坎贝尔的存档著作（主要捐给约瑟夫·坎贝尔和马丽加·金巴塔丝档案与图书馆），将基金会的网站作为论坛进行跨文化相关交流。

第三，约瑟夫·坎贝尔基金会通过各种项目和活动丰富人们的生活，包括基于网络的全球性准会员项目，地区性的神话学圆桌讨论国际网络，以及定期举办的与约瑟夫·坎贝尔有关的各项活动。

罗伯特·沃尔特，执行编辑
戴维·库德勒，主编

若想了解更多关于约瑟夫·坎贝尔和

约瑟夫·坎贝尔基金的信息请联系：

Joseph Campbell Foundation

www. jcf. org

Post office Box 36

San Anselmo, CA 94979-0036

E-mail: info@jcf. org

湛庐文化
Cheers Publishing
a mindstyle business 与思想有关

湛庐，与思想有关……

如何阅读商业图书

商业图书与其他类型的图书，由于阅读目的和方式的不同，因此有其特定的阅读原则和阅读方法，先从一本书开始尝试，再熟练应用。

阅读原则1 二八原则

对商业图书来说，80% 的精华价值可能仅占 20% 的页码。要根据自己的阅读能力，进行阅读时间的分配。

阅读原则2 集中优势精力原则

在一个特定的时间段内，集中突破 20% 的精华内容。也可以在一个时间段内，集中攻克一个主题的阅读。

阅读原则3 递进原则

高效率的阅读并不一定要按照页码顺序展开，可以挑选自己感兴趣的部分阅读，再从兴趣点扩展到其他部分。阅读商业图书切忌贪多，从一个小主题开始，先培养自己的阅读能力，了解文字风格、观点阐述以及案例描述的方法，目的在于对方法的掌握，这才是最重要的。

阅读原则4 好为人师原则

在朋友圈中主导、控制话题，引导话题向自己设计的方向去发展，可以让读书收获更加扎实、实用、有效。

阅读方法与阅读习惯的养成

（1）回想。阅读商业图书常常不会一口气读完，第二次拿起书时，至少用 15 分钟回想上次阅读的内容，不要翻看，实在想不起来再翻看。严格训练自己，一定要回想，坚持 50 次，会逐渐养成习惯。

（2）做笔记。不要试图让笔记具有很强的逻辑性和系统性，不需要有深刻的见解和思想，只要是文字，就是对大脑的锻炼。在空白处多写多画，随笔、符号、涂色、书签、便签、折页，甚至拆书都可以。

（3）读后感和 PPT。坚持写读后感可以大幅度提高阅读能力，做 PPT 可以提高逻辑分析能力。从写读后感开始，写上 5 篇以后，再尝试做 PPT。连续做上 5 个 PPT，再重复写三次读后感。如此坚持，阅读能力将会大幅度提高。

（4）思想的超越。要养成上述阅读习惯，通常需要 6 个月的严格训练，至少完成 4 本书的阅读。你会慢慢发现，自己的思想开始跳脱出来，开始有了超越作者的感觉。比拟作者、超越作者、试图凌驾于作者之上思考问题，是阅读能力提高的必然结果。

扫码关注湛庐文化，
回复“阅读”
这5种方法，让读过的书变成你的影子

[特别感谢：营销及销售行为专家 孙路弘 智慧支持！]

我们出版的所有图书，封底和前勒口都有“湛庐文化”的标志

湛庐文化 Cheers Publishing

a mindstyle business 与思想有关

并归于两个品牌

财富汇　　心视界

找“小红帽”

为了便于读者在浩如烟海的书架陈列中清楚地找到湛庐，我们在每本图书的封面左上角，以及书脊上部 47mm 处，以红色作为标记——称之为**“小红帽”**。同时，封面左上角标记**“湛庐文化 Slogan”**，书脊上标记**“湛庐文化 Logo”**，且下方标注图书所属品牌。

湛庐文化主力打造两个品牌：**财富汇**，致力于为商界人士提供国内外优秀的经济管理类图书；**心视界**，旨在通过心理学大师、心灵导师的专业指导为读者提供改善生活和心境的通路。

阅读的最大成本

读者在选购图书的时候，往往把成本支出的焦点放在书价上，其实不然。

时间才是读者付出的最大阅读成本。

阅读的时间成本=选择花费的时间+阅读花费的时间+误读浪费的时间

湛庐希望成为一个“与思想有关”的组织，成为中国与世界思想交汇的聚集地。通过我们的工作和努力，潜移默化地改变中国人、商业组织的思维方式，与世界先进的理念接轨，帮助国内的企业和经理人，融入世界，这是我们的使命和价值。

我们知道，这项工作就像跑马拉松，是极其漫长和艰苦的。但是我们有决心和毅力去不断推动，在朝着我们目标前进的道路上，所有人都是同行者和推动者。希望更多的专家、学者、读者一起来加入我们的队伍，在当下改变未来。

湛庐文化 Cheers Publishing a mindstyle business 与思想有关

湛庐文化获奖书目

《大数据时代》

国家图书馆"第九届文津奖"十本获奖图书之一
CCTV"2013中国好书"25本获奖图书之一
《光明日报》2013年度《光明书榜》入选图书
《第一财经日报》2013年第一财经金融价值榜"推荐财经图书奖"
2013年度和讯华文财经图书大奖
2013亚马逊年度图书排行榜经济管理类图书榜首
《中国企业家》年度好书经管类TOP10
《创业家》"5年来最值得创业者读的10本书"
《商学院》"2013经理人阅读趣味年报·科技和社会发展趋势类最受关注图书"
《中国新闻出版报》2013年度好书20本之一
2013百道网·中国好书榜·财经类TOP100榜首
2013蓝狮子·腾讯文学十大最佳商业图书和最受欢迎的数字阅读出版物
2013京东经管图书年度畅销榜上榜图书，综合排名第一，经济类榜榜首

《牛奶可乐经济学》

国家图书馆"第四届文津奖"十本获奖图书之一
搜狐、《第一财经日报》2008年十本最佳商业图书

《影响力》（经典版）

《商学院》"2013经理人阅读趣味年报·心理学和行为科学类最受关注图书"
2013亚马逊年度图书分类榜心理励志图书第八名
《财富》鼎力推荐的75本商业必读书之一

《人人时代》（原名《未来是湿的》）

CCTV《子午书简》·《中国图书商报》2009年度最值得一读的30本好书之"年度最佳财经图书"
《第一财经周刊》· 蓝狮子读书会·新浪网2009年度十佳商业图书TOP5

《认知盈余》

《商学院》"2013经理人阅读趣味年报·科技和社会发展趋势类最受关注图书"
2011年度和讯华文财经图书大奖

《大而不倒》

《金融时报》· 高盛2010年度最佳商业图书入选作品
美国《外交政策》杂志评选的全球思想家正在阅读的20本书之一
蓝狮子·新浪2010年度十大最佳商业图书，《智囊悦读》2010年度十大最具价值经管图书

《第一大亨》

普利策传记奖，美国国家图书奖
2013中国好书榜·财经类TOP100

《真实的幸福》

《第一财经周刊》2014年度商业图书TOP10
《职场》2010年度最具阅读价值的10本职场书籍

《星际穿越》

国家图书馆"第十一届文津奖"十本奖获奖图书之一
2015年全国优秀科普作品三等奖
《环球科学》2015最美科学阅读TOP10

《翻转课堂的可汗学院》

《中国教师报》2014年度"影响教师的100本书"TOP10
《第一财经周刊》2014年度商业图书TOP10

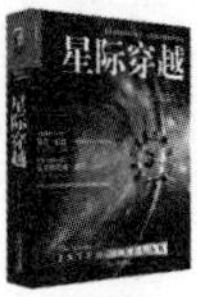

湛庐文化 Cheers Publishing
a mindstyle business 与思想有关

湛庐文化获奖书目

《爱哭鬼小隼》
国家图书馆"第九届文津奖"十本获奖图书之一
《新京报》2013年度童书
《中国教育报》2013年度教师推荐的10大童书
新阅读研究所"2013年度最佳童书"

《群体性孤独》
国家图书馆"第十届文津奖"十本获奖图书之一
2014"腾讯网•啖书局"TMT十大最佳图书

《用心教养》
国家新闻出版广电总局2014年度"大众喜爱的50种图书"生活与科普类TOP6

《正能量》
《新智囊》2012年经管类十大图书，京东2012好书榜年度新书

《正义之心》
《第一财经周刊》2014年度商业图书TOP10

《神话的力量》
《心理月刊》2011年度最佳图书奖

《当音乐停止之后》
《中欧商业评论》2014年度经管好书榜•经济金融类

《富足》
《哈佛商业评论》2015年最值得读的八本好书
2014"腾讯网•啖书局"TMT十大最佳图书

《稀缺》
《第一财经周刊》2014年度商业图书TOP10
《中欧商业评论》2014年度经管好书榜•企业管理类

《大爆炸式创新》
《中欧商业评论》2014年度经管好书榜•企业管理类

《技术的本质》
2014"腾讯网•啖书局"TMT十大最佳图书

《社交网络改变世界》
新华网、中国出版传媒2013年度中国影响力图书

《孵化Twitter》
2013年11月亚马逊(美国)月度最佳图书
《第一财经周刊》2014年度商业图书TOP10

《谁是谷歌想要的人才？》
《出版商务周报》2013年度风云图书•励志类上榜书籍

《卡普新生儿安抚法》（最快乐的宝宝1•0~1岁）
2013新浪"养育有道"年度论坛养育类图书推荐奖

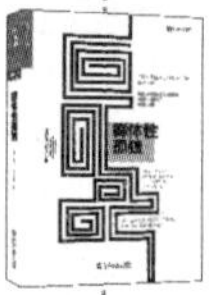

湛庐文化 Cheers Publishing

延伸阅读

《千面英雄》

扫码直达本书购买链接

◎ 20 世纪神话学大师、拯救人类心灵的哲学家与心理学家，西方流行文化的一代宗师约瑟夫·坎贝尔奠基之作。

◎ 寻求个人内在觉醒的“圣经”，探寻自我与心灵成长者的必读之作。

◎ 新添 84 张精美插图，包含 200 余人的神话故事人物谱，随书赠送坎贝尔神话系列作品独家藏书票一枚。

《追随直觉之路》

扫码直达本书购买链接

◎ 一部发现喜悦、实现自我、完善人格的心灵治愈之作。

◎ 神话学大师约瑟夫•坎贝尔为你揭示神话的 4 大功能，带你看清神话的表面与实质，你会看到，古老的神话依然存在帮助现代人走过生命之旅的神奇力量，它是让人们走向幸福之路的指明灯。

◎ 随书赠送坎贝尔神话系列作品独家藏书票一枚。

《英雄之旅》

扫码直达本书购买链接

◎ 20 世纪备受崇拜的神话学大师约瑟夫·坎贝尔的“精神自传”。一部锻造坚韧灵魂的“启示录”。

◎ 近百幅坎贝尔家族的珍藏历史照片首度公开，包括诺贝尔奖获得者在内的世界各领域精英人士共同打造的一次“灵魂的环球旅行”。

◎ 随书赠送坎贝尔神话系列作品特制藏书票一枚。

《神话的力量》

扫码直达本书购买链接

◎ 20 世纪最伟大的神话学大师约瑟夫·坎贝尔系列作品。

◎ 探求心灵真理的发现之旅。猫王、披头士乐队、乔治·卢卡斯、斯皮尔伯格、乔布斯、奥巴马的精神导师带你探索自我、发现内在的神性。

◎ 《星球大战》、《狮子王》、《黑客帝国》、《蝙蝠侠》、《哈利·波特》创作灵感的来源。

Reflections on the art of living: a Joseph Campbell companion

Edited by Diane K. Osbon

Collected Works of Joseph Campbell/Robert Walter, Executive Editor/David Kudler, Managing Editor

This translation published by arrangement with Joseph Campbell Foundation

图书在版编目（CIP）数据

坎贝尔生活美学：从俗世的挑战到心灵的深度觉醒 /（美）奥斯本编；朱侃如译 .—杭州：浙江人民出版社，2017.6

ISBN 978-7-213-05484-6

Ⅰ.①坎… Ⅱ.①奥… ②朱… Ⅲ.①生活–美学–研究 Ⅳ.①B834.3

中国版本图书馆 CIP 数据核字（2013）第 092394 号

浙江省版权局
著作权合同登记章
图字 :11-2013-67 号

上架指导：神话学 / 哲学 / 心理学

本书法律顾问　北京市盈科律师事务所　崔爽律师
张雅琴律师

坎贝尔生活美学：从俗世的挑战到心灵的深度觉醒

[美] 戴安娜 · 奥斯本　编

朱侃如　译

出版发行： 浙江人民出版社（杭州体育场路347号　邮编　310006）
市场部电话：（0571）85061682　85176516

集团网址： 浙江出版联合集团　http://www.zjcb.com

责任编辑： 朱丽芳

责任校对： 朱　妍

印　　刷： 北京富达印务有限公司

开　　本： 720 mm × 965 mm 1/16　　**印　　张：** 17.75

字　　数： 253 千字　　**插　　页：** 8

版　　次： 2017 年 6 月第 1 版　　**印　　次：** 2017 年 6 月第 1 次印刷

书　　号： ISBN 978-7-213-05484-6

定　　价： 69.90 元

如发现印装质量问题，影响阅读，请与市场部联系调换。